はじめ

本書は日常業務の効率化・自動化を目標に、「Python」というプログラミング言語でビジネス用のアプリケーション・ソフトウェア開発を学ぶ入門書です。

効率化や自動化、あるいはビジネスソフトという言葉を耳にすると、プログラミング未経験者や初心者の方は難しそうと感じるかもしれませんが、心配は無用です。Pythonはとても学びやすいプログラミング言語です。本書は、初学者が理解できるようにプログラミングの基礎から学び始める構成になっています。

また、Pythonや他のプログラミング言語ですでにソフトウェアを開発できるスキルをお持ちで、「本格的に自動化プログラムを組みたい！」「GUIを用いたソフトウェア開発をしたい！」という方のために、Pythonのプログラミング・テクニックを広く網羅しています。

ここで、Pythonの素晴らしさについて触れさせていただきます。

数あるプログラミング言語の中で、Pythonの人気は近年急上昇し、多くの開発や研究の場で用いられるようになりました。筆者もPythonを多用、愛用しています。機械学習を用いたAI開発にPythonが使われていることをご存知の方もいらっしゃるでしょう。Pythonの普及が進んだのは、次のような理由からです。

- **記述の仕方がシンプルで、他のプログラミング言語より短い行数でプログラムを組める**
- **記述したプログラムを即座に実行して動作を確認でき、開発効率に優れている**
- **ライブラリが豊富であり、それらの多くが使いやすい**

Pythonは命令や文法がわかりやすいので、初学者にとってプログラミングの基礎学習に向いています。Pythonの基礎技術を習得した後は、中級者から上級者へと進む過程で、豊富なライブラリを用いてさまざまな分野のソフトウェアを開発できるようになります。

本書でプログラミングを学んだみなさんが、業務を効率化できるソフトウェアを開発し、Pythonの技術を生かしていただけることを期待しています。

2020年 春

廣瀬 豪

CONTENTS

Chapter 3 プログラミングの基礎知識

Chapter 4 関数とリストについて学ぼう！

Chapter 5 GUIの基礎知識

Chapter 6 GUIの高度な使い方

Chapter 7 時計アプリを作ってみよう！

Chapter 8 テキストエディタを作ってみよう！

Chapter 9 Pythonで仕事を自動化・効率化しよう！

特別付録 オブジェクト指向プログラミングを学ぼう！

本書の使い方

本書に掲載しているサンプルプログラムは、サポートページからダウンロードできます。下記のURLからアクセスしてください。

サポートページ

http://www.sotechsha.co.jp/sp/1264

サンプルプログラムはパスワード付きのZIP形式で圧縮されています。295ページに記載されているパスワードを正しく入力し、解凍してお使いください。

サンプルは下図のように、Chapter単位のフォルダに分けて保存されています。

本書の解説ごとに、どのサンプルプログラムを使っているのかは、リストの上部にファイル名を明記してあります。ご自身でプログラムを入力してうまく動作しないときなどは、該当するフォルダを開き、サンプルを参照してください。

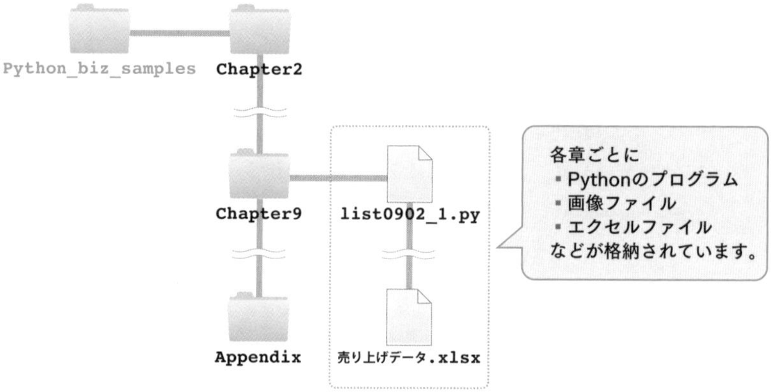

プログラムの表記について

本書掲載のプログラムは、行番号・プログラム・解説の3列で構成されています。

1行に収まりきらない長いプログラムは行番号をずらして、空行を入れています。

リスト▶ list0407_2.py

1	`f = open("test2.txt", 'r',`	読み込みモード(r)でファイルを開く
	`encoding="utf-8")`	
2	`r = f.read()`	変数rにファイル内の文字列をすべて読み込む
3	`f.close()`	ファイルを閉じる
4	`print(r)`	rの中身を出力

Chapter 1

プログラミングを始めよう！

Pythonを学び始めるにあたり、はじめにPythonとプログラミングの概要について知りましょう。作業の効率化や自動化の意味についても説明します。
また、この章ではPythonを使えるようにする準備を行います。Pythonは他のプログラミング言語に比べて、使うための準備も簡単です。肩の力を抜いて読み始めてください。

Section 1-1 Pythonとは？

はじめに、Pythonというプログラミング言語について説明します。

プログラミング言語について

世の中にはたくさんの**プログラミング言語**が存在します。広く使われているプログラミング言語を挙げてみます。

図1-1-1 メジャーなプログラミング言語

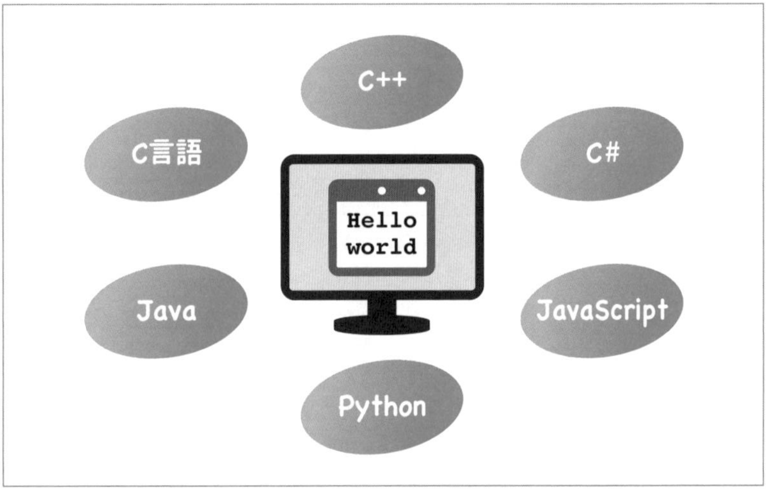

図1-1-1の言語は多くのソフトウェア開発の場で使われています。他にもSwift、PHP、Perl、Rubyなどのプログラミング言語名を聞いたことがある方もいらっしゃるでしょう。

ソフトウェアはいずれかのプログラミング言語を用いて開発されます。世の中には複数のプログラミング言語でプログラムを記述し、それらのプログラムが相互に関わり合って動作する規模の大きなソフトウェアも存在します。

プログラミング言語を記述したものをコンピュータプログラムや単にプログラム、あるいはソースコードと呼びます。本書では「**プログラム**」という表現で統一します。

各プログラミング言語には特徴がありますが、はじめてプログラミングを学ばれる方は、次のようなイメージを持っておけばよいでしょう。

- C言語、C++、Javaはシステム・ソフトウェアやアプリケーション・ソフトウェアの開発など、幅広い分野で使われている
- C#はWindows用のソフトウェア開発や、Unityというツールと組み合わせてスマートフォンのアプリ開発に使われている
- JavaScriptはホームページの裏側で動いている
(例：最新情報を取得してページ上に表示する、画像を自動的に更新するなど)

MEMO

システムソフトウェアとはコンピュータ機器を動かすベースとなるプログラムを指す言葉で、Windows、macOS、iOS、AndroidなどのOSがそれに当たります。
アプリケーション・ソフトウェアはOS上で動く文書作成や映像再生ソフトなど、用途に応じて開発されたプログラムを指す言葉です。

さまざまな種類と特徴があるプログラミング言語ですが、Pythonはビジネス用のアプリケーション・ソフトウェアの開発、教育機関などでの研究用ソフトウェアの開発、プログラミングの学習を目的とした使用など、多方面で用いることができます。冒頭で触れましたが、Pythonを用いた機械学習による人工知能の研究も盛んに行われています。

図1-1-2　多種多様なソフトが開発できるPython

筆者自身はビジネスソフト開発、アルゴリズム研究、趣味のゲーム制作にPythonを使っています。また、筆者は教育機関でプログラミングを教えていますが、学生達が短期間で習得できるプログラミング言語としてPythonを採用しています。

mini column

Pythonはインタプリタ型

Pythonは記述したプログラムの命令をコンピュータが1つずつ解釈して実行します。そのようなプログラミング言語を「**インタプリタ型**の言語」といいます。これに対して、C言語やC++などはプログラムをコンピュータが直接理解できる**機械語**に変換し、その変換したファイルを実行しますが、そのようなプログラミング言語は「**コンパイル**型の言語」と呼ばれます。

一昔前、インタプリタ型のプログラミング言語はコンパイル型に比べて処理速度が遅いといわれ、実際にその通りでした。しかし昨今ではコンピュータの処理速度が極めて高速になり、またインタプリタ型の言語自体、高速に動作するように設計され、インタプリタ型の言語で作ったソフトが遅くて困るようなことはずいぶん減りました。

Pythonをよく使う筆者ですが、その処理速度で困ったことは一度もありません。ですから、インターネットなどでPythonは重いという意見をご覧になっても気にする必要はありません。

ちなみに、筆者は秒間60フレームのゲームソフトもPythonで何本か制作したことがあります。秒間60フレームとは1秒間に60回画面を描き換えるという意味です。実用ソフトから趣味のゲーム開発まで、Pythonはさまざまな目的に使うことができます。

Section 1-2 ハードウェアとソフトウェア

プログラミングとソフトウェア開発を学ぶさい、ハードウェアとソフトウェアの関係を知っておくと学習がスムーズに進みます。手短に説明しますので、コンピュータに詳しい方も、ざっと目を通してみてください。

入力、演算、出力

まずは、ハードウェアとソフトウェアについてお話しします。

みなさんがお使いのパソコンとインターネットを閲覧するWebブラウザを例にすると、パソコンがハードウェアで、Webブラウザがソフトウェアです。

スマートフォンのゲームアプリで遊ばれる方もいらっしゃると思いますが、スマートフォンがハードウェアで、ゲームアプリがソフトウェアです。

ハードウェア内でソフトウェアが処理を行う流れを図1-2-1に示します。

図1-2-1 処理の流れ

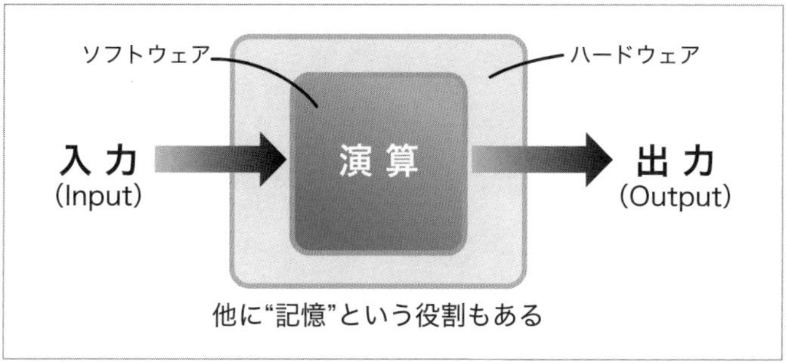

家庭用ゲーム機で考えると、この流れは明確です。ゲーム機（ハードウェア）で動くゲームソフト（ソフトウェア）は、ユーザーがコントローラで操作し（入力）、キャラクターの移動や点数計算が行われ（演算）、テレビや液晶モニタに映像が表示され（出力）、スピーカーから音が流れます（音も出力）。

わかりやすい例としてゲーム機を挙げましたが、ソフトウェアにデータを入力することは、人が手で行う作業だけにとどまりません。例えばエクセルファイルを自動的に読み込み、必要な値を抽出するソフトウェア（第9章で制作します）では、人がデータを手入力する必要はありません。

ゲーム機のコントローラからの入力値とエクセルファイルから読み込んだデータの値はまったく別のものですが、ハードウェアとソフトウェアが行う処理の流れを考えると、前ページの図1-2-1で示したように、「**入力データを元にソフトウェアで必要な演算が行われ、結果が出力される**」という共通点があります。

この処理の流れは、ソフトウェアとはいかなるものかという定義そのものになります。プログラミング初心者の方はこのイメージをお持ちいただくことで、この先の学習が進めやすくなるはずです。

MEMO

コンピュータには入力、制御、記憶、演算、出力という五大機能（五大装置）があるとされます。
ここでは理解しやすいように、それらをシンプルに捉え、入力、演算、出力の3つの語で説明しました。

Section 1-3 作業の自動化について理解しよう！

コンピュータの進歩には眼を見張るものがあります。コンピュータ関連の技術は日々進んでおり、コンピュータに関する新しい用語が次々に登場する時代になっています。

RPAって何？

みなさんはRPA（アールピーエー）という言葉をご存知でしょうか。RPAはロボティック（Robotic）プロセス（Process）オートメーション（Automation）の頭文字を連ねた語で、ソフトウェアを用いて定型的な仕事のプロセスを自動化する仕組みを意味します。仕事が自動化できれば、その業務の効率化にもなります。

昨今、デスクワークを効率化するソフトウェア開発に力を入れる企業や個人が増えつつあり、また実際にそういったソフトウェアとサービスを提供する企業もあります。

筆者はRPAの可能性は無限で、今後、多くのビジネスシーンに導入されると考えています。RPAは多種多様なものが考えられます。

具体的にRPAがどのようなものかをイメージしていただけるように、ある教育機関での架空の物語を見てみましょう。

T氏は都内のM大学で「コンピュータの歴史と発展」というテーマの授業を持つ客員准教授です。M大学は少子化に伴う学生数減少の中、生き残りをかけて、しっかりとした教育に力を入れています。客員とはいえT氏は気楽に教えているわけではありません。M大学の教育要綱に従い、月に1度、学生達に充実した内容のレポートを書くように指導しています。

学生達の多くは前向きに取り組んでいると感じていますが、中には中身がスカスカのレポートを出す生徒もいます。ある時、A4用紙1枚に5行しか書かれていないものがありました。また長いレポートの中身を確認すると、トンチンカンな内容が延々と書かれているものもありました。

次ページへ続く

生徒数が少なければ時間をかけずにレポートを読むことができますが、T氏の講義は人気があり、定員オーバーの生徒が受講しています。そのため、すべてのレポートに目を通すには時間がかかっています。これではまずいと考えたT氏は、次の方法でレポートを提出させることにしました。

- 最低限の文字数を決める
（例：800字以上）
- 指定のキーワードを入れること
（例：今回は「マイクロソフト」「アップル」「OS」）

生徒たちはネットワーク上の決められたフォルダにレポートを入れる決まりです。

それからT氏はPythonで、**レポートが指定の文字数以上になっているかと3つのキーワードが入っているか**を自動的に調べるプログラムを作りました。そのソフトはフォルダ内にあるすべてのレポートを読み込み、提出者の氏名と学生番号を抽出し、文字数とキーワードが指示通りかを調べ、その結果一覧を出力します。T氏はこのプログラムで、1つひとつのファイルを開くことなく、読むに値しないレポートを一瞬にしてふるいにかけることができるようになりました。

この物語自体はフィクションですが、「レポートをふるいにかけるプログラム」は、Pythonで基本的なプログラミング技術を習得し、そこからあと少しだけ技術力を伸ばした時点で開発できるようになることを、ハッキリとお伝えしておきます。すでにソフトウェア開発ができる方は、確かにそれほど難しい仕組みでないとおわかりいただけるでしょう。Pythonでは、このようにRPAのソフトウェアを開発できます。

誰にでも理解していただけるように、ここではわかりやすくフィクションで説明しましたが、本書ではこの先、筆者が経営する会社で実際に行ってきたRPAの実例を説明したり、RPAについて学べるプログラムをご覧になっていただきながら、Pythonを学んでいきます。

Section 1-4 プログラミングの準備 ～拡張子の表示～

Pythonのプログラミングの準備を始めます。ソフトウェア開発ではファイルを管理しやすくするために拡張子を表示しておきます。
ここでは拡張子について知り、みなさんがお使いのパソコンで拡張子を表示してみましょう。すでに拡張子を表示している方は、この節は読み飛ばして**1–5**「Pythonをインストールしよう！」に進みましょう。

拡張子とは？

拡張子とは、ファイル名の末尾に付くファイルの種類を示す文字列のことです。

ファイル名と拡張子は、次のようにドット(.)で区切られます。

図1-4-1　ファイルの拡張子

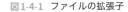

次に、一般的によく使われる拡張子を列挙します。

表1-4-1　拡張子の種類

拡張子	ファイルの種類
txt	テキストファイル
docx、doc	文書作成ソフト（Word）のファイル
xlsx、xls、csv※1	表計算ソフト（Excel）のファイル
pdf	文書ファイル
png、jpeg、bmp	画像ファイル
mp3、m4a、ogg、wav	サウンドファイル
c、cpp、java、js、py※2	各プログラミング言語のプログラムファイル

※1 csvはコンマ区切りでデータを記述したもので、形式はテキストファイルになる
※2 pyはPythonのプログラムファイルの拡張子

拡張子を表示する

Windows または Mac をお使いの方、それぞれ次の方法で拡張子を表示しましょう。

Windows 10での拡張子の表示

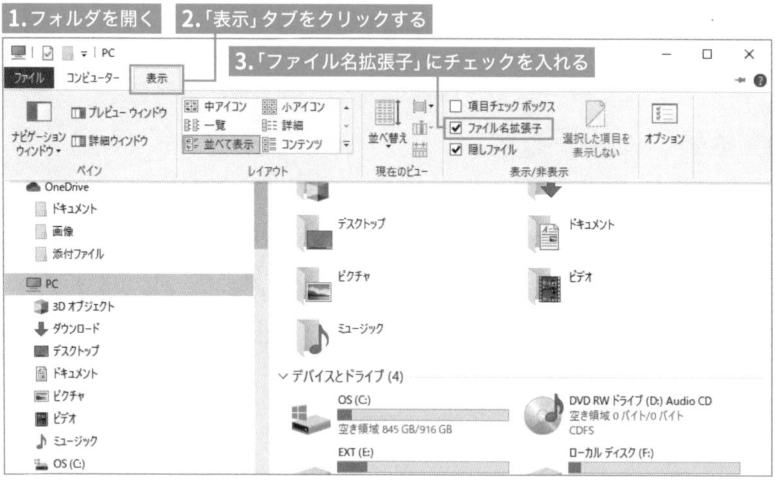

Macでの拡張子の表示

Section 1-5 Pythonをインストールしよう！

Pythonは2.x系と3.x系がありますが、2.x系は開発が終了しています。本書では、将来性のある3.x系を使用します。
WindowsとMacそれぞれのインストール方法を説明します。Macをお使いの方は、22ページへ進んでください。

Windowsパソコンへのインストール

1 Webブラウザで Python 公式サイトにアクセスして、「**Downloads**」をクリックします。

https://www.python.org/

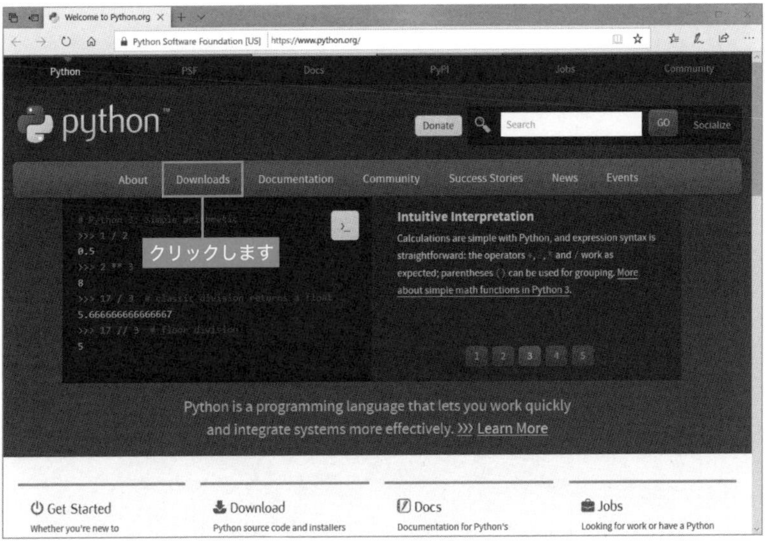

2 「Python 3.*.*」ボタンをクリックします。

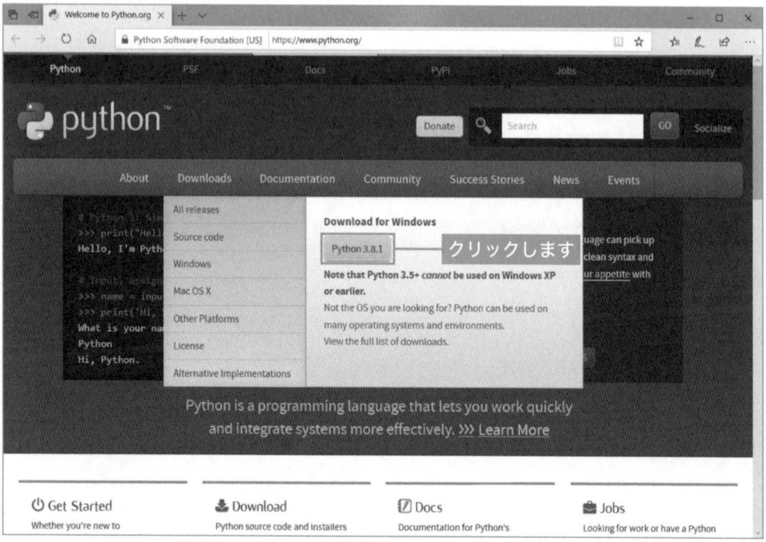

3 「**実行**」か「**保存**」を選んでインストールを開始します。「保存」を選んだときは、パソコンにダウンロードしたインストーラーを実行します。

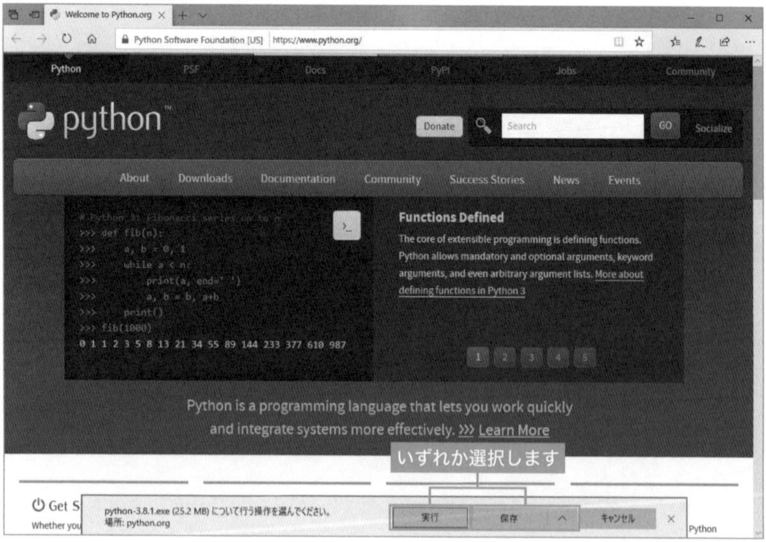

4 「Add Python 3.* to PATH」をチェックし、「Install Now」をクリックしてインストールを進めます。

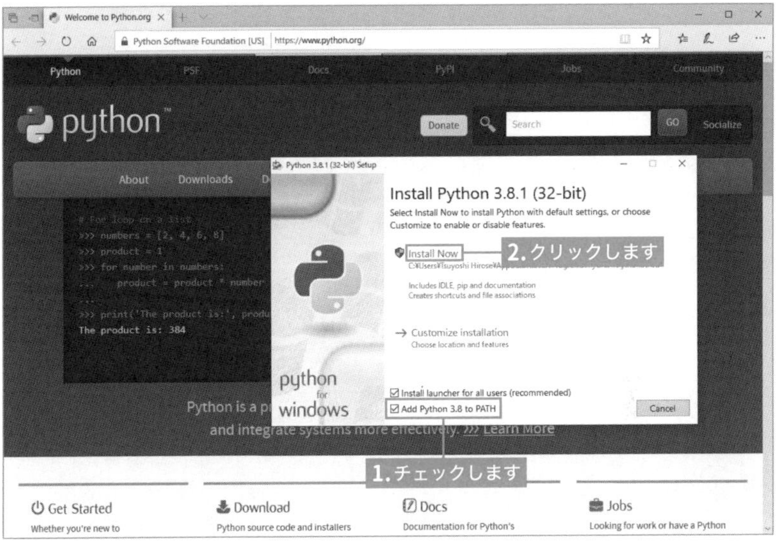

5 「Setup was successful」の画面で「Close」ボタンをクリックします。これで、インストールは完了です。

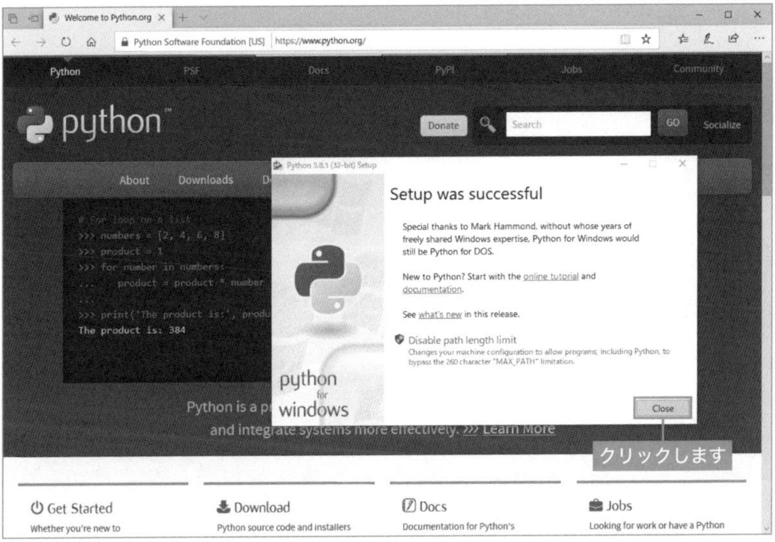

Macへのインストール

1 Webブラウザで Python公式サイトにアクセスして、「**Downloads**」をクリックします。

https://www.python.org/

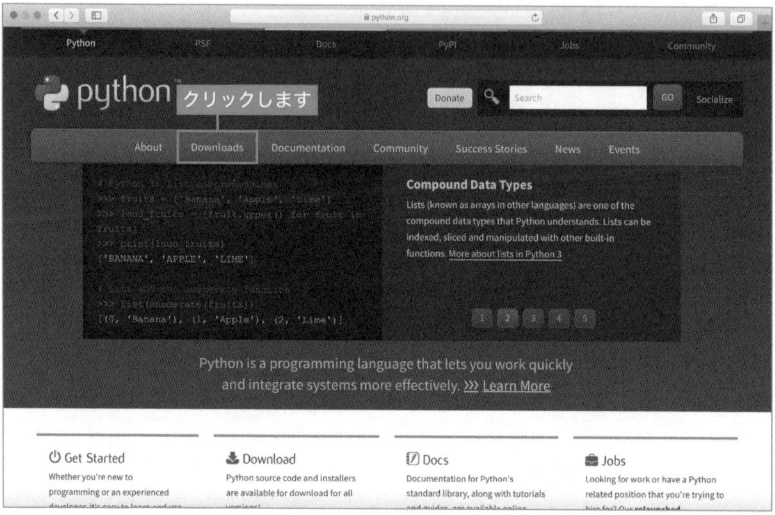

2 「**Python 3.*.***」のボタンをクリックします。

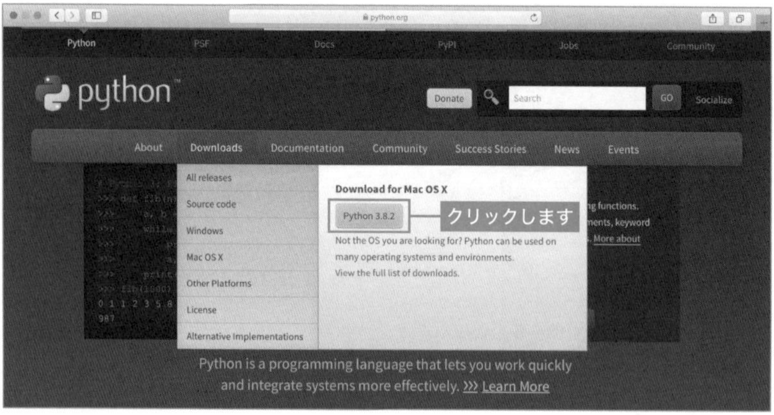

3 ダウンロードした「**python-3.*.*-macosx***.pkg**」をクリックします。

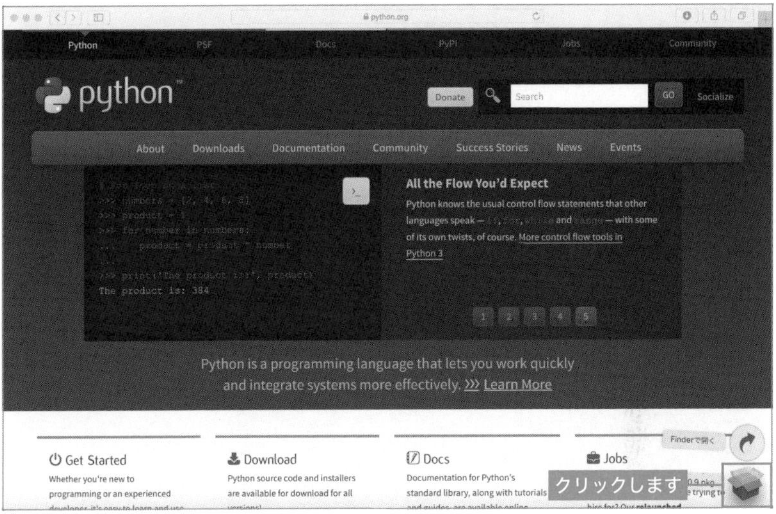

4 「**続ける**」ボタンをクリックして、インストールを開始します。

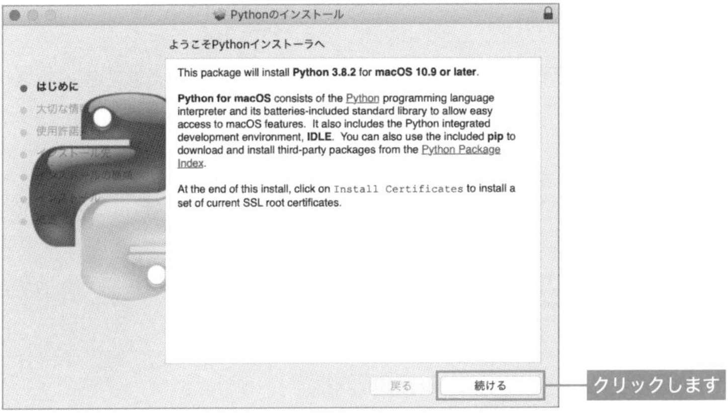

5 使用許諾契約で「**同意する**」を選択して、インストールを続けます。

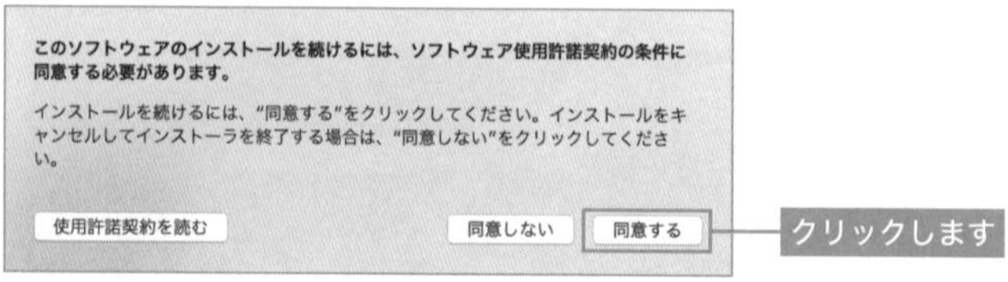

6 カスタマイズは必要ありません。そのまま続けます。

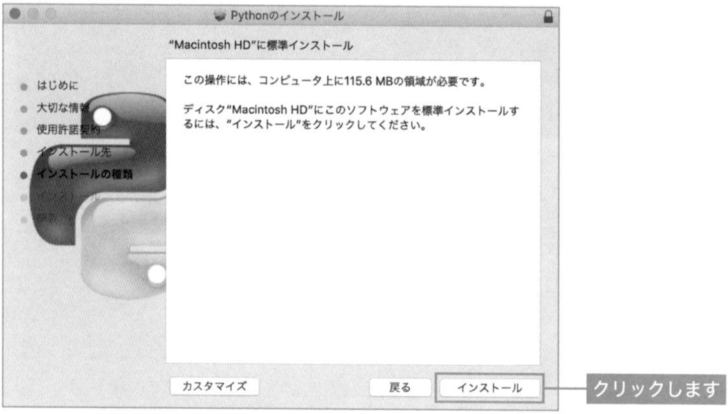

7 「インストールが完了しました。」の画面で「**閉じる**」ボタンをクリックします。これで、インストールは完了です。

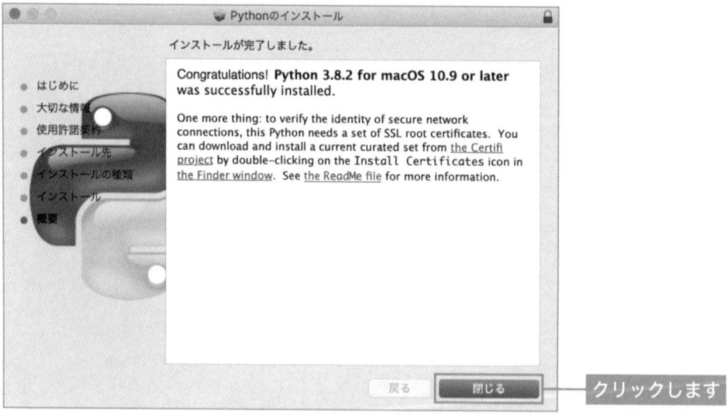

Section 1-6 Pythonを起動しよう！

Pythonには、「統合開発環境」と呼ばれるプログラムを入力して実行する機能を持つツールが付いています。Python付属の統合開発環境はIDLE（アイドル）と呼ばれます。本書では、IDLEを使ってプログラムの入力や実行確認を行います。
ここでは統合開発環境とテキストエディタについて知り、IDLEを起動するところまで進めます。

統合開発環境とテキストエディタ

統合開発環境はソフトウェア開発を支援するツールです。統合開発環境は、Integrated Development Environmentの頭文字から**IDE**とも呼ばれます。

統合開発環境にはさまざまなものがあり、それらはインターネットからダウンロードして無料で使うことができます（中には有料のものもあります）。

高度な統合開発環境にはプログラムを少しずつ実行して不具合を探す機能や、開発に使う画像などのファイルを管理する機能が付いています。

IDLEはPythonをインストールした時点から使えるようになる統合開発環境です。IDLEは機能が絞られたシンプルなツールで、動作が機敏です。シンプルがゆえに学習用のプログラミングに向いています。

テキストエディタはプログラムなどの文字情報のみのテキスト入力を行うツールです。**本書はIDLEを用いてプログラムを入力**しますが、使い慣れた統合開発環境やテキストエディタがあれば、それを使ってもかまいません。

有名なテキストエディタには次のようなものがあります。

表1-6-1 テキストエディタ

アトム Atom	GitHub社が開発しているオープンソースのテキストエディタで、Pythonを含めて多くのプログラミング言語に対応しています。 https://atom.io/
ブラケッツ Brackets	Adobe Systems社が開発している無料のテキストエディタです。 http://brackets.io/

次ページへ続く

サブライムテキスト Sublime Text	オーストラリアのJon Skinnerさんが開発しているテキストエディタです。 https://www.sublimetext.com/

※AtomとBracketsは無料で使えます。Sublime Textはシェアウェア（気に入って使い続けるなら購入するソフト）で、ファイル保存時に購入を問うメッセージが表示されることがあります。

MEMO

本格的なソフトウェアを開発する場合、機能が絞られたIDLEでは行数の長いプログラムが確認しにくいなどの問題に直面することがあります。そのようなときは、Pythonの開発を便利にするIDEをインストールして使うとよいでしょう。例えば、「PyCharm」という無料で使えるIDEがあります。他にもさまざまなIDEがあるので、興味を持たれた方は「Python 統合開発環境」などで検索してみましょう。

IDLEの起動

IDLEを起動します。WindowsおよびMacをお使いの方は、それぞれ次の方法で起動してください。

WindowsでIDLEを使う

スタートメニュー➡【Python3.*】➡【IDLE(Python3.* **-bit)】を選択して、IDLEを起動します。

図1-6-1 スタートメニュー

図1-6-2 IDLEの画面

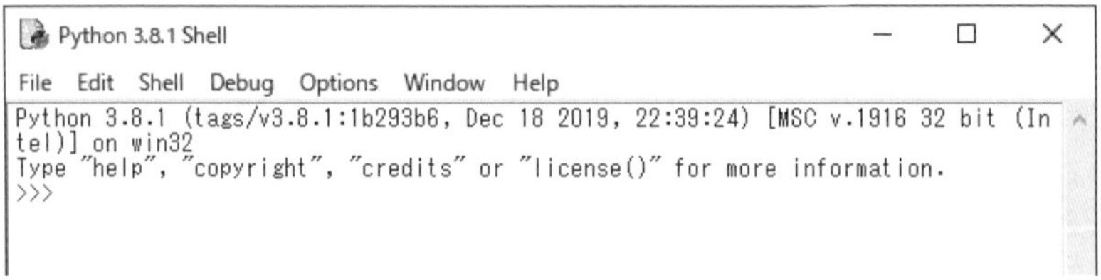

MacでIDLEを使う

Launchpadから「IDLE」を選択します。

図1-6-3 Launchpad

図1-6-4 IDLEの画面

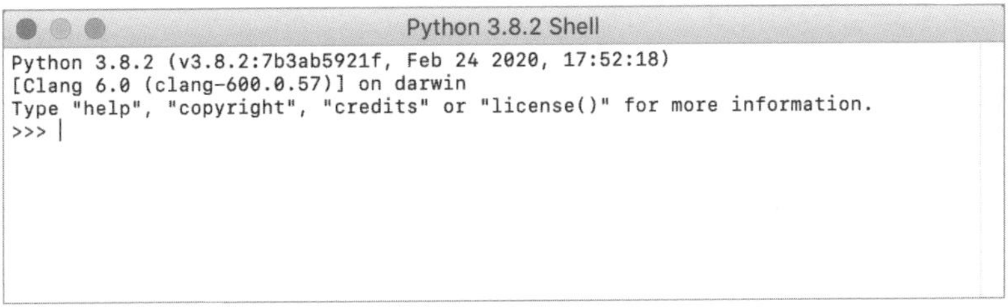

Python 3.8.2 Shell
Python 3.8.2 (v3.8.2:7b3ab5921f, Feb 24 2020, 17:52:18)
[Clang 6.0 (clang-600.0.57)] on darwin
Type "help", "copyright", "credits" or "license()" for more information.
>>>

IDLEの行番号について

IDLEを起動してメニューバーの【File】➡【New File】（Ctrl ＋ N）を選択すると、エディタウィンドウ（テキストエディタ）が起動します。

このエディタウィンドウには行番号の表示がありませんが（本書執筆時点のPython 3.8）、カーソル位置の行番号がウィンドウ右下に「**Ln:***」と表示されるので（図1-6-5）、プログラムを入力するさいの参考にしましょう。

図1-6-5 エディタウィンドウの行番号

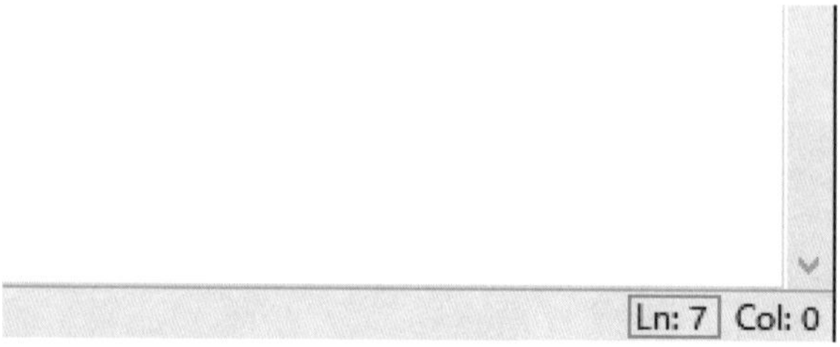

第2章ではIDLEに計算式や簡単な命令を入力して、Pythonの動作を確認します。またエディタウィンドウにプログラムを記述して実行し、動作を確認します。

Column Pythonを優秀な部下にしよう！

Pythonの普及に伴い、Pythonを使った処理の自動化も盛んになりつつありますが、プログラムで日常業務を自動化することは、実はかなり以前から行われてきました。昔からプログラマー達は各種のプログラミング言語でさまざまな自動処理を行ってきたのです。筆者は長年、ゲームクリエイターをしてきたので、この**Column**ではゲームソフト開発における自動処理の実例をお話しします。

ゲームソフトはたくさんの画像ファイルを使用して制作します。例えば筆者の会社で開発したスマホ用のゲームアプリのプロジェクトを確認したところ、画像ファイルだけで1,000枚近くありました。ゲームの内容にもよりますが、1つのゲームソフトにはそのように多数の画像が使われます。

多くの画像を手で1つひとつ処理していると時間が無駄になります。そこで画像のファイル名を変更してコピーしたり、複数の画像を1つのファイルにまとめるプログラムを用意し、ゲームに組み込むデータに一括変換します。

Pythonではファイル名の変更やファイルを別のフォルダに移動させることなど朝飯前で、それらの処理を簡単な命令で記述できます。本書では245ページで実際にそれを行います。ちなみに同じことをWindowsのバッチ処理というものでやろうとすると、プログラミング初心者が古代の呪文のように感じるであろう難解な記述をしなくてはなりません。それに比べて、Pythonはほとんどの命令がとてもシンプルです。

ゲームソフトを開発する上での自動処理について、もう1つお話しします。
スマートフォンのアプリもパソコンのソフトも、国境を越えて自由に配信できる時代になり、多国語対応（複数の言語に対応させること）を行う機会が増えました。プログラムのあちこちに日本語が直接記述されている場合、多国語対応を行うことは少々厄介です。そのようなプログラムは、日本語を抽出し、それを別ファイルに書き出す処理を自動で行わせます。Pythonを用いて作ったプログラムで、そういった処理も可能です。

次ページへ続く

筆者がプログラミングしたアプリでも、プログラム内の日本語を抜き出し、すべての日本語を別ファイルにまとめる自動処理を行ったことがあります。その自動処理とは、プログラム内で日本語が記述されていた箇所は、書き出した日本語ファイル内の該当する文字列を参照するように、プログラム自体が変換される仕組みでした。

こうして、すべての日本語を抜き出したファイルを翻訳担当者に渡し、英語や中国語にしてもらいます。そして翻訳されたファイルを受け取り、それを組み込めば、アプリを起動した端末の言語に合わせてどの言語ファイルを参照するかが決まり、各言語が自動的に表示されるようになります。

ただし、言語ごとに文法が違うので、単語の差し替えで文法的におかしくなる箇所があれば、プログラムの修正が必要です。とはいえ、日本語の文字列を抜き出す一括処理により、多国語対応の作業時間をぐっと圧縮できます。

ソフトウェア開発に詳しい方は、今の話を聞いて、最初から多国語対応前提でプログラムを組めばよいのではとお考えになるかもしれません。確かにその通りですが、ゲームソフトは当たり外れの大きい商品なので、日本語版を出して売れたら多国語対応する、旧作のプログラムを元に新ハード用の移植作品を開発する、倒産したりゲーム事業から撤退する会社が作ったプログラムを引き継ぐなど、さまざまな場面があり、そのようなとき、ここでお伝えした自動処理が役に立ちます。

さて、何を自動処理させるかは、会社ごと、部署ごと、仕事の内容によってさまざまです。1つハッキリいえるのは、多くの業務で**同じ作業の繰り返しで時間が無駄**という場面があることです。その作業を自動化し、より大切なことに時間を使えるようになれば理想的です。

Pythonで作ったプログラムという優秀な部下に、**面倒くさいけれど必要な仕事**をやらせることができれば素晴らしいことです。優秀という言葉には、Pythonにやらせれば作業ミスが起きないという意味も込めています。例えば、最初にお話しした画像ファイルの管理を手作業で行うと、大量の枚数を扱う過程で人はどうしてもミスを犯します。元々のプログラムにバグがない限り、人間と違ってコンピュータはミスを犯しません。そのような優秀な部下を手に入れるため、みなさん、楽しく本書を読み進めていってください。

Chapter 2

Pythonに色々させてみよう！

いよいよ、Pythonの学習を始めます。
本書ではIDLEを使ってプログラミングを学んでいきます。
この章では、Pythonの基本的な使い方を説明します。

IDLEの使い方

IDLEには2つの使い方があります。

1. シェルウィンドウに命令を打ち込んで実行する
2. エディタウィンドウにプログラムを記述して実行する

はじめに1と2の概要を説明します。ここで説明する内容は、**2-2**「計算をさせる」から順に行うので、読むだけでかまいませんが、図の通りに入力して実際に試していただいてかまいません。

命令を直接打ち込んで実行する

　IDLEを起動した画面がシェルウィンドウです。そこに命令を打ち込み実行することができます。

　図2-1-1は計算式を入力して Enter キー（Macでは return キー）を押し、計算結果を出力させた様子です。

図2-1-1　シェルウィンドウでの計算

```
Python 3.8.1 Shell                                    —    □    ×

File  Edit  Shell  Debug  Options  Window  Help
Python 3.8.1 (tags/v3.8.1:1b293b6, Dec 18 2019, 22:39:24) [MSC v.1916 32 bit (In
tel)] on win32
Type "help", "copyright", "credits" or "license()" for more information.
>>> 10*8
>>>
```

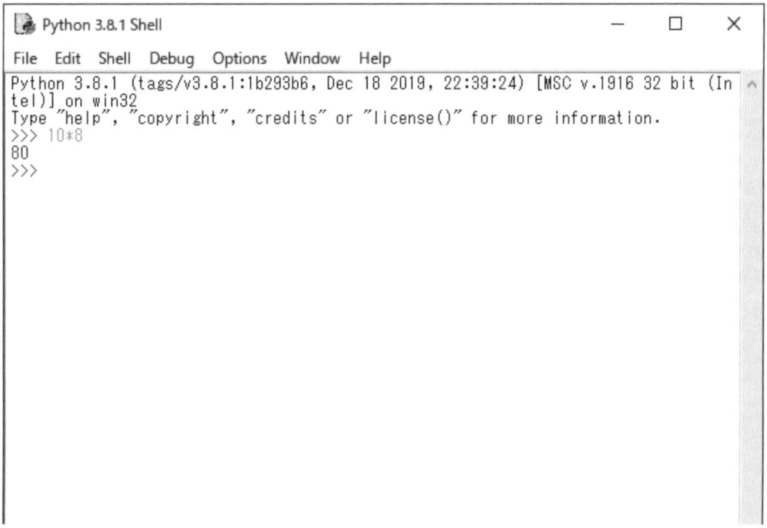

図2-1-2は、「import calendar Enter 、print(calendar.month(2020, 5)) Enter 」と入力し、指定した年月のカレンダーを表示させた様子です。

カレンダーに関する命令は**2-4**「カレンダーを出力させる」で説明しますが、ここで試してかまいません。実際に試す場合には、命令はすべて半角小文字で入力します。

図2-1-2　カレンダーの出力

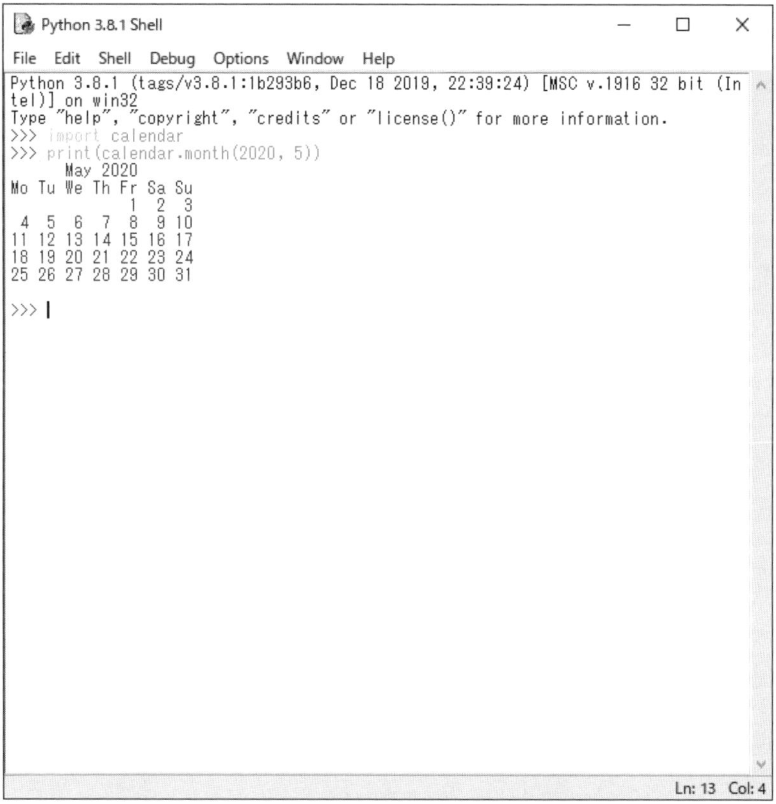
Python 3.8.1 Shell
File Edit Shell Debug Options Window Help
Python 3.8.1 (tags/v3.8.1:1b293b6, Dec 18 2019, 22:39:24) [MSC v.1916 32 bit (Intel)] on win32
Type "help", "copyright", "credits" or "license()" for more information.
>>> import calendar
>>> print(calendar.month(2020, 5))
May 2020
Mo Tu We Th Fr Sa Su
1 2 3
4 5 6 7 8 9 10
11 12 13 14 15 16 17
18 19 20 21 22 23 24
25 26 27 28 29 30 31
>>>
Ln: 13 Col: 4

この他にも、シェルウィンドウでさまざまな処理ができます。ただしシェルウィンドウ上で行った作業は、ウィンドウを閉じると消えてしまいます。

Pythonに少し複雑な処理をさせて、その処理を後でまた行わせたいなら、次に説明するように**プログラムを記述して保存**しておきます。

プログラムを記述する

シェルウィンドウのメニューバーにある【File】➡【New file】（Ctrl＋N）を選ぶと、エディタウィンドウが開きます。これが、プログラムを入力するテキストエディタの画面になります。

図2-1-3　エディタウィンドウを開く

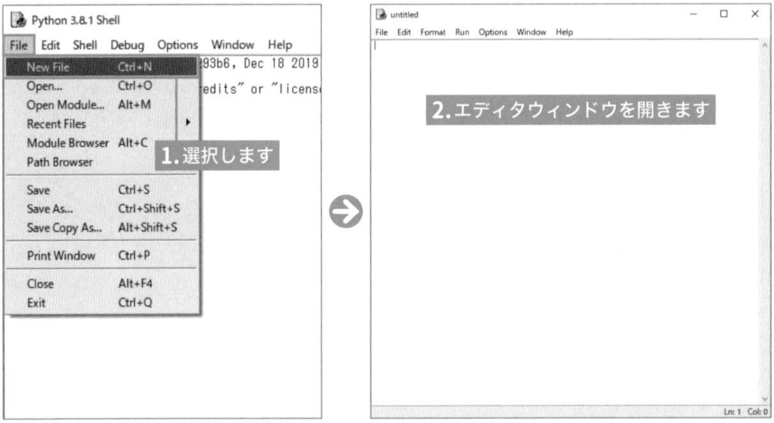

エディタウィンドウ上でプログラムを記述して、ファイル名を付けて保存します。こうしておけば、後で再び、その処理を行うことができます。

エディタウィンドウに記述したプログラムを実行するには、エディタウィンドウのメニューにある【Run】➡【Run Module】を選んで実行します。F5キーを押しても実行できます（fnキーのあるパソコンではfn＋F5）。以上の手順は後述で説明するので、ここでは概要を知っておけば十分です。

2-2「計算をさせる」から**2-4**「カレンダーを出力させる」でシェルウィンドウに命令を打ち込みながらPythonの使い方に慣れてから、**2-5**「シェルウィンドウとエディタウィンドウ」から**2-6**「プログラムの入力と実行」で実際にプログラムを記述し、保存して実行する方法を学びます。

2-1のポイント

- IDLEにはシェルウィンドウとエディタウィンドウがある。

Section 2-2 計算をさせる

まずは手始めに、Pythonに計算をさせてみましょう。

計算式の入力と実行

シェルウィンドウを起動すると、**>>>**が表示されます。これは**コマンドプロンプト**あるいは**プロンプト**と呼ばれ、命令の入力を促すものです。

コマンドプロンプトに続けて「1+2」と入力して、Enterキーを押します(Macではreturnキー；以後の説明はEnterで統一します)。**コンピュータへの命令は半角文字で入力**する決まりがあるので、数字も「+」も半角で入力しましょう。

図2-2-1 計算を行う

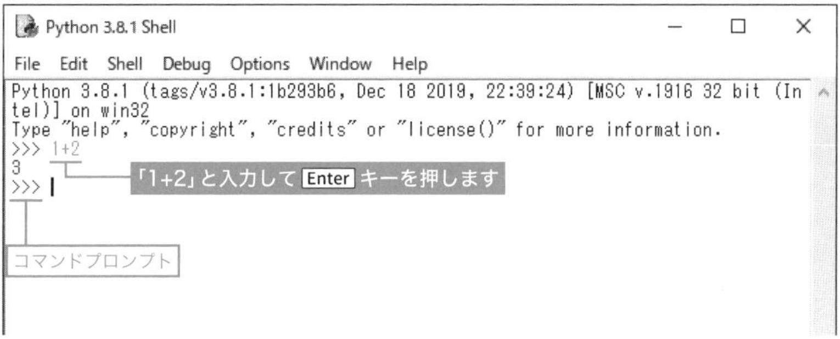
Python 3.8.1 Shell
File Edit Shell Debug Options Window Help
Python 3.8.1 (tags/v3.8.1:1b293b6, Dec 18 2019, 22:39:24) [MSC v.1916 32 bit (Intel)] on win32
Type "help", "copyright", "credits" or "license()" for more information.
>>> 1+2
3
>>>
「1+2」と入力してEnterキーを押します
コマンドプロンプト

計算結果の**3**が出力されます。

また、「10-3」と入力してEnterキーを押すと、**7**が出力されます。

シェルウィンドウの計算機能

シェルウィンドウは計算機のような機能を備えています。掛け算と割り算も試してみます。掛け算は*****（アスタリスク)、割り算は**/**（スラッシュ）を使用します。本書では、計算式や命令の後ろにEnterとある箇所は、Enterキーを押すという意味です。

```
>>> 3*5 Enter
```

3×5の計算です。**15**が出力されます。

```
>>> 20/2 Enter
```

20÷2の計算です。**10.0**が出力されます。

MEMO
この割り算の答えは整数の**10**でなく、小数の**10.0**になりました。Pythonでは割り算の結果は小数になります。整数と小数の区別は、**3-3**のデータ型で説明します。

長い計算式を入力することもできます。

```
>>> 1+2*5 Enter
```

11が出力されます。**掛け算と割り算は、足し算と引き算より先に計算されます。**数学のルールと一緒です。

()を使用した計算もできます。

```
>>> (5+2)*(9-1) Enter
```

56が出力されます。これも**数学のルールと一緒で()内が先に計算されます。**

ゼロで割ってはいけない

例えば、10/0のようにゼロで割ろうとするとエラーになり、図2-2-2のような画面になります。

図2-2-2　エラー画面

```
>>> 10/0
Traceback (most recent call last):
  File "<pyshell#1>", line 1, in <module>
    10/0
ZeroDivisionError: division by zero
>>>
```

数学と一緒で、コンピュータにも**ゼロで割ってはいけない決まり**があります。

その他の計算

累乗を求めるには、**とアスタリスクを2つ並べます。

```
>>> 5**2 Enter
```

5^2 (5×5) の計算です。**25**が出力されます。

```
>>> 2**3 Enter
```

2^3 (2×2×2) の計算です。**8**が出力されます。

割り算の答えを整数で求める（商を求める）には、**//**とスラッシュを2つ並べます。

```
>>> 10//3 Enter
```

10を3で割った商で、**3**が出力されます。

```
>>> 20//7 Enter
```

20を7で割った商で、**2**が出力されます。

%を使って、割り算の余りを求めることができます。

```
>>> 9%4 Enter
```

9を4で割った余りです。**1**が出力されます。

```
>>> 56%8 Enter
```

56を8で割った余りです。割り切れるので、**0**が出力されます。

//と%の使い方を「15÷7」という式で説明します（図2-2-3）。

図2-2-3 //と%の使い方

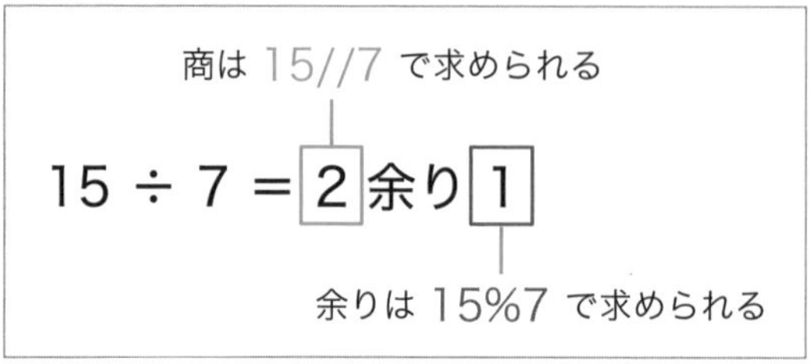

商は 15//7 で求められる
15 ÷ 7 = 2 余り 1
余りは 15%7 で求められる

このように、割り算の商と余りを//と%で計算できます。

演算子のまとめ

計算に使う記号を**演算子**といいます。演算子をまとめると、次のようになります。

表2-2-1 四則算の演算子

四則算	Pythonの記号
足し算（+）	+
引き算（−）	-
掛け算（×）	*
割り算（÷）	/

表2-2-2 その他の演算子

	Pythonの記号
累乗	**
割り算の商	//
割り算の余り	%

MEMO

割り算の余りを**剰余**といいます。多くのプログラミング言語で、%は剰余を求める演算子です。

2-2のポイント

- シェルウィンドウに計算式を入力して答えを求めることができる。
- 計算のルールは数学と同じ。ゼロで割ってはいけない。
- 計算に使う記号を演算子といい、+-*/と**、//、%がある。

Section 2-3 ホームページを開かせる

計算の次は、Pythonに少し高度なことをさせてみます。

Webブラウザを起動する

シェルウィンドウに次の2行を入力すると、Webブラウザが起動してホームページを開くことができます。

```
import webbrowser Enter
webbrowser.open("https://www.yahoo.co.jp/") Enter
```

実際に入力して試してみましょう。命令の意味は実行後に説明します。

プログラムは1文字でも間違えると正しく動作しません。

エラーが出たりWebブラウザが起動しないときは、入力ミスがないか見直してください。

成功すると、Yahoo!のホームページが開きます。

図2-3-1 Webブラウザを起動させる

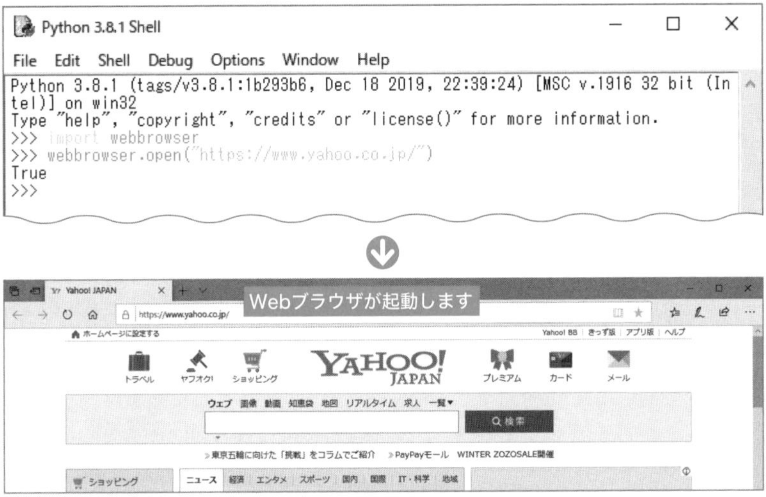
Python 3.8.1 Shell
File Edit Shell Debug Options Window Help
Python 3.8.1 (tags/v3.8.1:1b293b6, Dec 18 2019, 22:39:24) [MSC v.1916 32 bit (Intel)] on win32
Type "help", "copyright", "credits" or "license()" for more information.
>>> import webbrowser
>>> webbrowser.open("https://www.yahoo.co.jp/")
True
>>>
Webブラウザが起動します
Yahoo! JAPAN
https://www.yahoo.co.jp/
YAHOO! JAPAN

1行目の**import**(インポート) webbrowserは、PythonにWebブラウザのモジュールを使うことを教える命令です。Pythonにはさまざまなモジュールが用意されており、それらのモジュールを使って色々な処理を行うことができます。

次のことを頭に入れておきましょう。

- **2-2の計算のような基本的な処理はモジュールなしで行える**
- **高度な処理を行うときにモジュールを使用する**

PythonにWebブラウザの起動という高度な処理をさせるため、先ほどの2行でWebブラウザのモジュールを使うことを**import モジュール名**として教え、URLを指定してホームページを開く**webbrowser.open()**命令を実行させたのです。

2-3のポイント

- ✦ Pythonでは、モジュールを使用して高度な処理を行える。
- ✦ モジュールを使うには、最初にimport モジュール名を実行する。
- ✦ 基本的な命令や文法でプログラムを記述するなら、モジュールは不要。

Section 2-4 カレンダーを出力させる

カレンダーを扱うモジュールを使用して、モジュールについての知識を深めていきます。

カレンダーの表示

Pythonではカレンダーモジュールを使い、手軽にカレンダーを出力できます。次の2行を入力すると、シェルウィンドウに指定した日時のカレンダーが表示されます。

```
import calendar Enter
print(calendar.month(2020, 6)) Enter
```

実行後に命令の意味を説明しますので、まずは試してみましょう。

次のように出力されれば成功です。

図2-4-1 カレンダーの出力

```
>>> import calendar
>>> print(calendar.month(2020, 6))
     June 2020
Mo Tu We Th Fr Sa Su
 1  2  3  4  5  6  7
 8  9 10 11 12 13 14
15 16 17 18 19 20 21
22 23 24 25 26 27 28
29 30
```

カレンダーを扱うには、calendarモジュールをimport（インポート）します。

カレンダーを出力するには**print()**命令を使い、print()の()内に**calendar.month(西暦, 月)**と記述します。print()命令は第3章で説明します。

ここでは、print()で数値や文字列を出力すると覚えておいてください。

importは一度だけ実行すればよい

カレンダーを出力したウィンドウを閉じないで、次のように入力してみましょう。先ほどは西暦2020年でしたが、こちらは2120年にしています。

```
print(calendar.month(2120, 6)) Enter
```

import calendarは実行済みなので、入力は不要です。この1行のみを入力すると、新しいカレンダーが出力されます。

図2-4-2 新しいカレンダーの出力

```
>>> print(calendar.month(2120, 6))
     June 2120
Mo Tu We Th Fr Sa Su
                1  2
 3  4  5  6  7  8  9
10 11 12 13 14 15 16
17 18 19 20 21 22 23
24 25 26 27 28 29 30
```

1年分のカレンダー

続いて、次のように入力してみましょう。

```
print(calendar.prcal(2021)) Enter
```

1年分のカレンダーが出力されます。**prcal(西暦)**は1年分のカレンダーを取得する命令で、それをprint()命令で出力しています。

図2-4-3　1年分のカレンダー

```
>>> print(calendar.prcal(2021))
                                  2021

      January                   February                   March
Mo Tu We Th Fr Sa Su      Mo Tu We Th Fr Sa Su      Mo Tu We Th Fr Sa Su
             1  2  3       1  2  3  4  5  6  7       1  2  3  4  5  6  7
 4  5  6  7  8  9 10       8  9 10 11 12 13 14       8  9 10 11 12 13 14
11 12 13 14 15 16 17      15 16 17 18 19 20 21      15 16 17 18 19 20 21
18 19 20 21 22 23 24      22 23 24 25 26 27 28      22 23 24 25 26 27 28
25 26 27 28 29 30 31                                29 30 31

       April                      May                       June
Mo Tu We Th Fr Sa Su      Mo Tu We Th Fr Sa Su      Mo Tu We Th Fr Sa Su
          1  2  3  4                      1  2          1  2  3  4  5  6
 5  6  7  8  9 10 11       3  4  5  6  7  8  9       7  8  9 10 11 12 13
12 13 14 15 16 17 18      10 11 12 13 14 15 16      14 15 16 17 18 19 20
19 20 21 22 23 24 25      17 18 19 20 21 22 23      21 22 23 24 25 26 27
26 27 28 29 30            24 25 26 27 28 29 30      28 29 30
                          31

        July                     August                  September
Mo Tu We Th Fr Sa Su      Mo Tu We Th Fr Sa Su      Mo Tu We Th Fr Sa Su
          1  2  3  4                         1             1  2  3  4  5
 5  6  7  8  9 10 11       2  3  4  5  6  7  8       6  7  8  9 10 11 12
12 13 14 15 16 17 18       9 10 11 12 13 14 15      13 14 15 16 17 18 19
19 20 21 22 23 24 25      16 17 18 19 20 21 22      20 21 22 23 24 25 26
26 27 28 29 30 31         23 24 25 26 27 28 29      27 28 29 30
                          30 31

      October                   November                  December
Mo Tu We Th Fr Sa Su      Mo Tu We Th Fr Sa Su      Mo Tu We Th Fr Sa Su
             1  2  3       1  2  3  4  5  6  7             1  2  3  4  5
 4  5  6  7  8  9 10       8  9 10 11 12 13 14       6  7  8  9 10 11 12
11 12 13 14 15 16 17      15 16 17 18 19 20 21      13 14 15 16 17 18 19
18 19 20 21 22 23 24      22 23 24 25 26 27 28      20 21 22 23 24 25 26
25 26 27 28 29 30 31      29 30                     27 28 29 30 31
None
>>>
```

モジュールのまとめ

　Pythonにはさまざまなモジュールが用意されており、それを使って高度なソフトウェアを開発できます。

図2-4-4　モジュールのイメージ

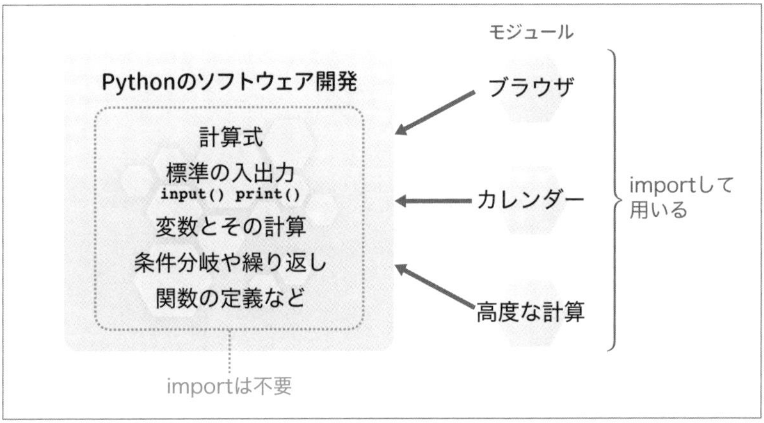

ここに記した入出力、変数と計算、条件分岐、繰り返し、関数の定義は、第3～4章で学びます。それらはプログラムを記述するための基本的な命令や文法で、モジュールは使用しません。

モジュールはここに挙げたもの以外にも、例えば乱数を扱うためのモジュール、ウィンドウを表示するためのモジュールなど、さまざまなものがあります。

またモジュールには、Pythonをインストールした時点で利用できる**標準モジュール**と、後から必要に応じて追加する**外部モジュール**（拡張モジュール）があります。

本書ではPythonに標準で備わったモジュールでGUIアプリケーションを制作し、ビジネスアプリの開発を学びます。GUIの使い方は第5～6章、アプリケーション開発は第7～8章で解説します。

MEMO

2-2の計算は何もimportしないで行うことができましたが、例えば三角関数（sin、cos、tan）の計算をする場合にはmathモジュールをimportします。三角関数は普通の計算に比べて**ぐっと難易度の上がる高度な計算**です。
学生のときに苦労したという思い出をお持ちの方もいらっしゃるでしょう。そのような高度な処理のときに、モジュールを使用するというわけです。

2-4のポイント

- モジュールには、さまざまな種類がある。

Section 2-5 シェルウィンドウとエディタウィンドウ

2-2「計算をさせる」から**2-4**「カレンダーを出力させる」まではシェルウィンドウに計算式や命令を入力して、Pythonの動作を確認しました。ここからは、エディタウィンドウにプログラムを記述して実行する方法を学びます。

エディタウィンドウを開く

エディタウィンドウは、**シェルウィンドウ**のメニューバーで【File】➡【New file】（Ctrl＋N）を選ぶと開く画面のことです。

図2-5-1　エディタウィンドウ

プログラムファイルの作成と実行

プログラムファイルを新規に作成して、保存して実行し、動作を確認するという手順を次ページの図2-5-2に示します。

はじめてPythonを使う方は、シェルウィンドウとエディタウィンドウを混同されることがあるかもしれませんが、図2-5-2を確認して2つのウィンドウの違いを理解しましょう。

図2-5-2 プログラムの作成、入力、保存、実行

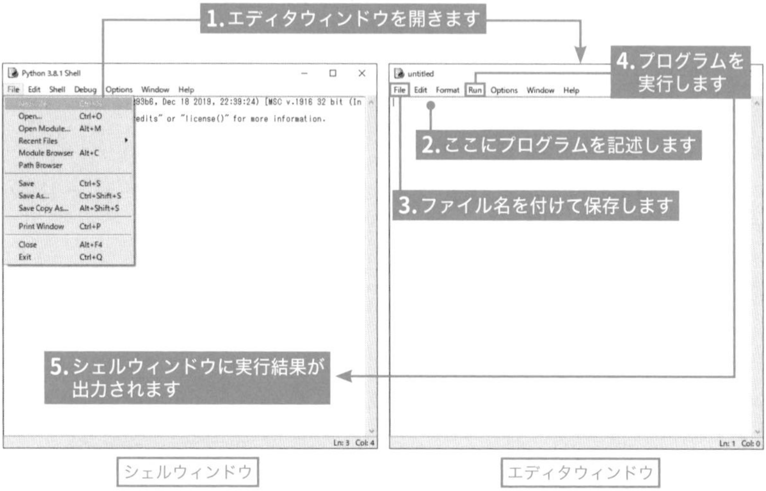

- 入力したプログラムの保存は、エディタウィンドウのメニューバーの【File】➡【Save As...】（Ctrl＋Shift＋S）です。
- プログラムの実行は、エディタウィンドウのメニューバーの【Run】➡【Run Module F5】です。
- 保存したプログラムファイルを開くには、シェルウィンドウかエディタウィンドウの【File】➡【Open】（Ctrl＋O）を選択してファイルを指定します。

ここでは、プログラムを記述して実行する流れを一通り確認しました。
次の**2-6**「プログラムの入力と実行」で実践してみましょう。

2-5のポイント

✦ シェルウィンドウとエディタウィンドウの違いを理解する。

Section 2-6 プログラムの入力と実行

ここからはプログラムファイルを作成し、それを実行するという手順で学習を進めます。第3章以降、プログラムが増えていくので、ここで作業フォルダを作っておきます。

作業フォルダを作成する

最初にプログラムを保存する作業フォルダを作ります。本書では、デスクトップにPython Progというフォルダを作ったとして説明を進めますが、フォルダ名はみなさんが自由に付けてかまいません。わかりやすい名称にしておきましょう。

Windowsをお使いの方、Macをお使いの方、それぞれ次の手順で作業フォルダを作ってください。

Windowsでの作業フォルダの準備

デスクトップ上で右クリックして「新規作成」➡「フォルダー」を選択して、フォルダを作ります。

図2-6-1 フォルダの作成方法

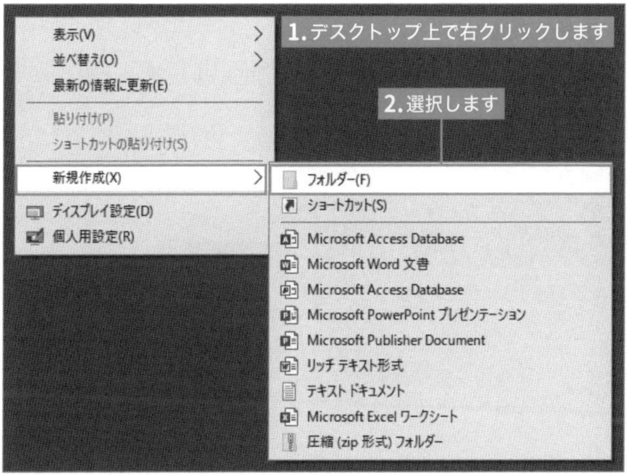

フォルダ名は「**Python Prog**」としました。さらに、Python Progフォルダ内に各章のプログラムを保存する**Chapter■■**というフォルダを作ります。

図2-6-2 各章のプログラムを入れるフォルダを用意

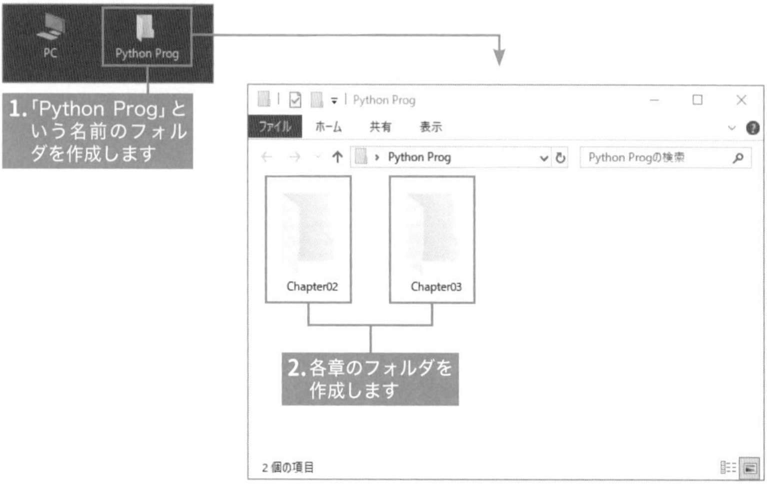

※全章分のフォルダを最初に作ってしまうか、学習の進捗に合わせて該当する章のフォルダを作りましょう。

それぞれの章で学ぶプログラムを**Chapter■■**内に保存するとファイルがスッキリし、復習するときなどに、すぐにプログラムを開くことができます。

Macでの作業フォルダの準備

メニューバーの【ファイル】➡【新規フォルダ】（Shift + ⌘ + N）を選び、フォルダを作ります。

図2-6-3 フォルダの作成方法

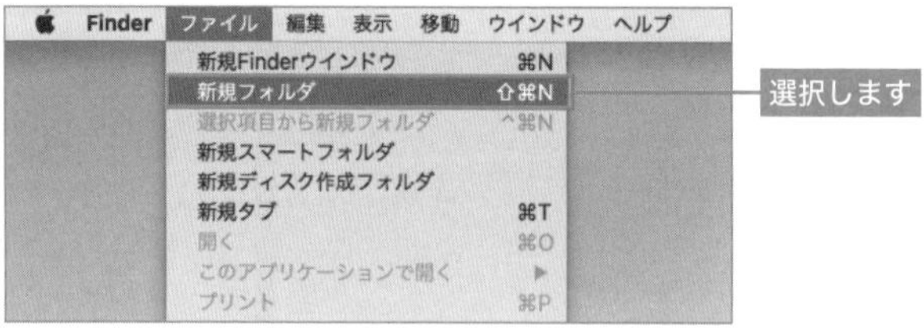

フォルダ名は「**Python Prog**」としました。さらに、Python Progフォルダ内に各章のプログラムを保存する**Chapter ■■**というフォルダを作ります。

図2-6-4　**各章のプログラムを入れるフォルダを用意**

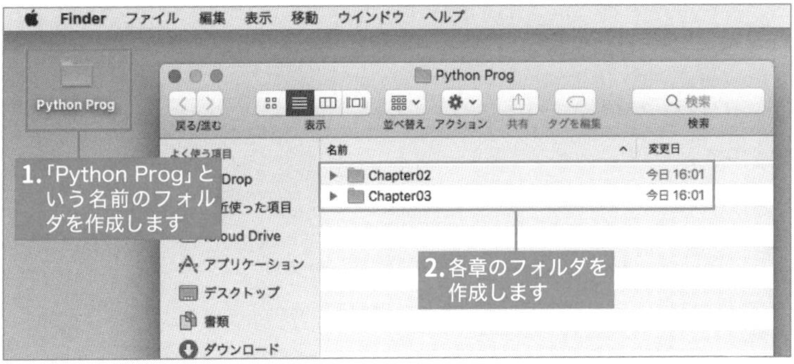

※全章分のフォルダを最初に作ってしまうか、学習の進捗に合わせて該当する章のフォルダを作りましょう。

それぞれの章で学ぶプログラムを**Chapter ■■**内に保存するとファイルがスッキリし、復習するときなどに、すぐにプログラムを開くことができます。

プログラムを入力しよう

プログラムファイルを作成して動作を確認します。

エディタウィンドウを開いて（46ページの図2-5-2を参照）、次のようなプログラムを入力してください。1行目の**s ="文字列"**は文字列の前後を**ダブルクォート**(")で囲みます。print()はすべて小文字で記述します。

図2-6-5　**プログラムの入力**

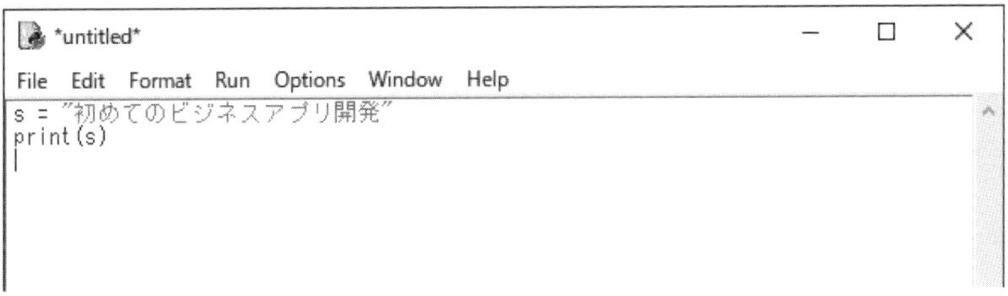

入力できたら【File】➡【Save As...】（Ctrl＋Shift＋S）を選択して、先ほど作った「Python Prog」➡「Chapter02」フォルダの中にlist0206.pyというファイル名で保存してください。

このとき、拡張子pyを付けずに保存しても、IDLEが自動的に拡張子を付けてくれます。

図2-6-6 プログラムの保存

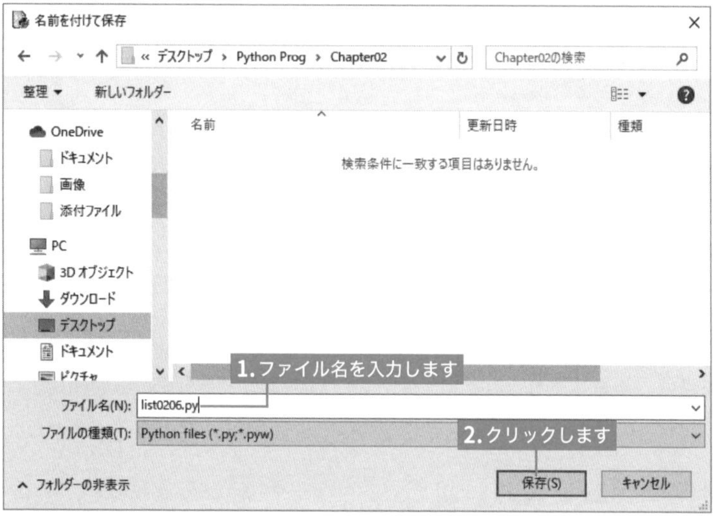

保存したら、【Run】➡【Run Module】（F5）を選択してプログラムを実行します。

図2-6-7 プログラムの実行

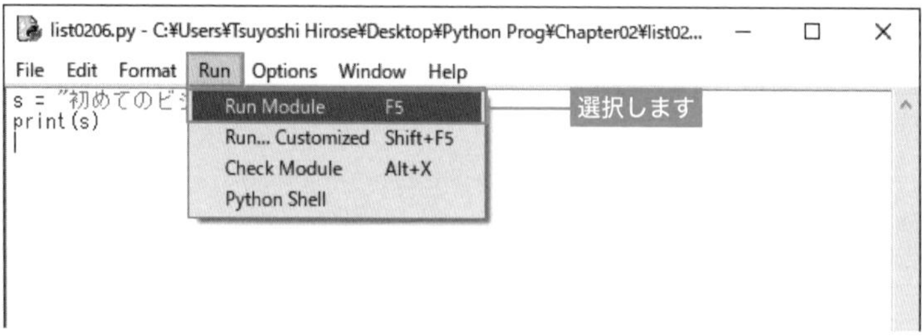

シェルウィンドウに「初めてのビジネスアプリ開発」という文字列が出力されれば成功です。

図2-6-8　プログラムの動作確認

```
Python 3.8.1 Shell                                          —    □    ×
File  Edit  Shell  Debug  Options  Window  Help
Python 3.8.1 (tags/v3.8.1:1b293b6, Dec 18 2019, 22:39:24) [MSC v.1916 32 bit (In
tel)] on win32
Type "help", "copyright", "credits" or "license()" for more information.
>>>
== RESTART: C:¥Users¥Tsuyoshi Hirose¥Desktop¥Python Prog¥Chapter02¥list0206.py =
初めてのビジネスアプリ開発
>>>
```

出力されます

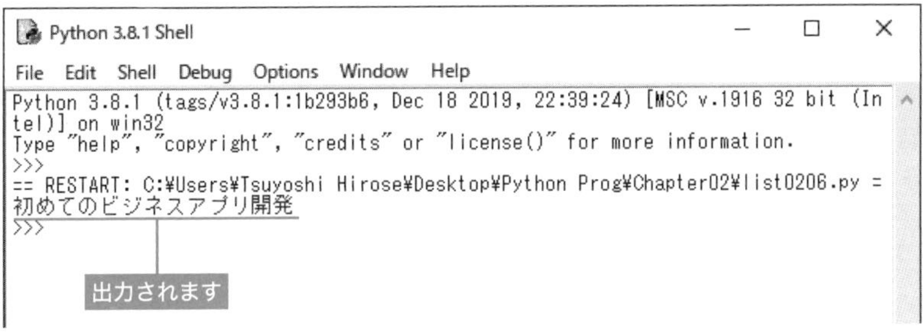

エラーが出た場合は、プログラムに間違いがないかを確認しましょう。

このプログラムは**変数sに文字列を代入し、変数sの値をprint()で出力する**ということをPythonに行わせています。変数やprint()命令は第3章で説明しますので、ここではプログラムの入力と保存、実行と動作確認の流れを覚えておけば大丈夫です。

✎MEMO

Pythonでは入力したプログラムを保存したファイル（拡張子pyのファイル）が、そのままソフトウェアになります。C系言語やJavaのようなコンパイル作業は不要です。

2-6のポイント

◆ Pythonのプログラムの拡張子はpyである。
◆ プログラムは入力、保存、実行、動作確認という流れで開発する。

Section 2-7 プログラムの記述ルール

Pythonのプログラムを記述するには、いくつかの決まりごとがあります。それらのルールを説明します。
❶～❾の9項目ありますが、一度にすべてを覚えることは難しいので、一通り目を通したら先へ進みましょう。第3章から色々なプログラムを記述する中で自然と身に付いていきます。

プログラムの記述の仕方

最初に、Pythonを含めた多くのプログラミング言語に共通するルールから説明します。

❶プログラムは半角文字で入力し、大文字／小文字を区別する

コンピュータのプログラムは1字間違えただけも正しく動作しません。
例えば、print()のPを大文字で書くとエラーになります。

```
○ print("こんにちは")
× Print("こんにちは")
```

❷文字列を扱うときはダブルクォートでくくる

変数に文字列を代入したり、print()命令で文字列を出力するには、ダブルクォート(")を使用して記述します。

```
○ txt = "文字列を扱う"
× txt = 文字列を扱う
```

※Pythonではシングルクォート(')を使用することもできますが、本書はダブルクォートで統一します。

❸スペースの有無について　その1

変数の宣言、値の代入、命令の()内の半角スペースは、あってもなくてもかまいません。

```
○ a=10
○ a␣=␣10
○ print("Python")
○ print(␣"Python"␣)
```

※❾で説明する字下げのスペースは、必ず入れる決まりがあります。

❹スペースの有無について　その2

命令の後ろにスペースを入れるべき箇所があります。

```
○ if␣a == 1:  ←  ifの後ろに半角スペースが必要です
× ifa == 1:
○ for␣i␣in␣range(10):  ←  3ヶ所に半角スペースを入れます
× foriinrange(10):
```

if、for、rangeなどの命令を他のアルファベットにつなげてしまうと、Pythonはそれが命令であるとわからなくなります。これらの命令は、この先で順に説明します。

❺プログラムの中にコメントを入れられる

コメントとは、プログラム中に書くメモのようなものです。難しい命令の使い方や、どのような処理を行っているかをコメントとして記述しておくと、プログラムを見直すときに役に立ちます。

Pythonでは、#を使用してコメントを記述します。

```
print("こんにちは") # コメント
```

このように記すと、**#以降、改行するまでの記述が実行時に無視されます。**

次のように命令の頭に#を入れると、その行に書いた命令は実行されません。実行したくない命令を削除するのではなく、残しておきたいときはコメントしておくと便利です。

```
#print("こんにちは")
```

複数行のコメントは、ダブルクォートを３つ連ねて書くことができます。

""" ← ここから始まり
コメント1
コメント2
〜
""" ← ここまでがコメントになる

Python特有の記述ルール

PythonにはC/C++、Java、JavaScriptなどの他のプログラミング言語と違うルールがあります。はじめてプログラミングを学ばれる方は、次に説明するルールはそのまま頭に入れてしまえばよいですが、C言語などを学んできた方は戸惑われることがあるので、ここでまとめて説明します。

❻変数を宣言するとき、型の指定が不要

Pythonでは、例えば**a = 0と記述した時点から変数aが使える**ようになります。

他のプログラミング言語には変数を使う前にデータ型を指定して宣言する決まりがありますが、Pythonは型の指定を行いません。

例えば、**s ="こんにちは"**と記述すると、**s**は文字列型の変数になります。変数の型については、第３章で説明します。

❼関数はdefで宣言する

関数を宣言するときは、**def**という命令を使用します。戻り値の有無に関わらず、必ずdefで宣言する決まりです。関数の作り方と戻り値については、第４章で説明します。

❽セミコロン（;）の記述が不要

他のプログラミング言語で計算式や命令ごとに記述するセミコロン（;）は不要です。

❾字下げには重要な意味がある

字下げ（インデント）とは、図2-7-1のようにプログラムの記述を、ある文字数分だけ下げることです。通常、Pythonでは半角スペース4文字分インデントします。

図2-7-1 Pythonの字下げ

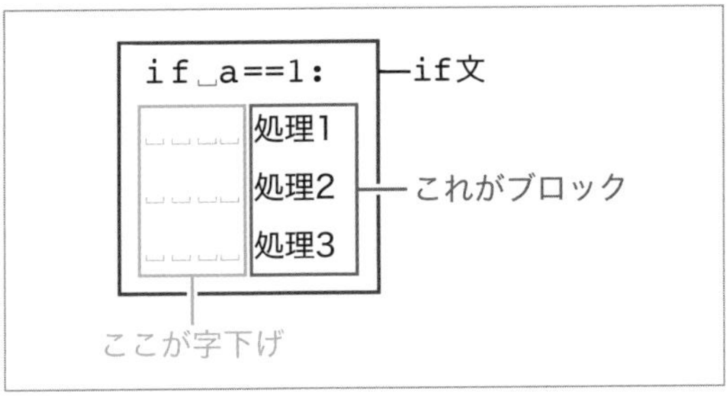

字下げとifについては、第3章で詳しく説明します。

MEMO

C/C++やJavaScriptなどの字下げは、プログラムを書く人が自由に行うことができますが、Pythonは字下げで処理のまとまり（ブロック）を記述します。他の言語のように好き勝手に字下げしてはいけません。

2-7のポイント

- プログラムを記述するためのルールがある。

Column プログラミング習得への近道

このColumnは、筆者の思い出話から始めさせていただきます。

筆者は子供の頃からコンピュータゲームが好きで、自分でゲームソフトを作りたいと思ったことがプログラミングを学び始めたきっかけです。

少年時代、筆者はプログラミング解説本である「こんにちはマイコン」という良書に出会うことができました。「こんにちはマイコン」は「ゲームセンターあらし」という漫画をヒットさせた、すがやみつる氏の著書です。その漫画の登場人物達がコンピュータやプログラミングについて教えてくれる内容で、子供たちが楽しみながら技術を学ぶことができました。筆者は繰り返し読み、「プログラミングのいろは」を覚えました。

その頃、さまざまなメーカーが独自規格のパソコンを製造販売し、電気屋さんの店頭にパソコンが置かれるようになりました。街でパソコンを見かけるたびにどれだけ欲しいと思ったことか…。しかし、地方の農村地帯に住む子供の頃の筆者には手が届かないものでした。

小学校高学年にコンピュータが欲しくなり、実際に自分のものになったのは中学校に入ってからです。当時はパソコンを手に入れる前に本屋で「こんにちはマイコン」を買い、毎日、眺めていたのです。そして空想の中でプログラミングし、あんなゲームを作ろう、こんなゲームを作ろうと夢見ていました。

当時はテレビにつなぐタイプの家庭用コンピュータの他に、手のひらサイズのコンピュータ（ポケットコンピュータ、以下「ポケコン」）も発売されていました。幸運にも中学一年生のときにパソコンとポケコンを同時期に手に入れることができ、自宅ではパソコン、学校にはポケコンを持参して休み時間に触るという生活が始まりました。

筆者が使っていたコンピュータにはBASICというプログラミング言語が搭載され、パソコンやポケコンの本体さえあればソフトウェアを作ることができました。BASICやマシン語のプログラムを掲載するコンピュータ雑誌が何誌も出版され、その中でゲームプログラムを掲載した「マイコンBASICマガジン」という月刊誌が人気で、かなりの発行部数を誇っていました。筆者はその月刊誌を毎月購入し、ゲームのプログラムを入力してBASICプログラミングを学びました。

すんなりプログラミングの技術が身に付いたわけではなく、BASICの命令を覚え、その命令を1つひとつ実行してみたりするのですが、命令と計算式をどう組み合わせればゲームソフトが作れるのかわからないという状態が長く続きました。

中学の同級生にBASICなど朝飯前で、中学一年生にしてアセンブリ言語も使いこなしプログラミングする天才少年がいました。その天才少年は、白黒一階調しかないポケコンの液晶表示部をマシン語のプログラムで高速に書き替え、複数の階調の色を表現したり、モンテカルロ法によるπの値を求めるプログラム※などを披露してくれました。筆者は彼の作る数々の素晴らしいプログラムに触発され、「いつかボクも自分でゲームを完成させるぞ！」と意気込み、プログラミングの勉強に熱を上げました。

そうやってコツコツ学んでいったのですが、ゲームが作れるようになるまでに一年近くかかった記憶があります。なんとかシンプルなミニゲームを自分の力ではじめて組み上げたときには、何と嬉しかったことか。

前置きがずいぶん長くなりましたが、自分の経験を振り返り、プログラミング習得への近道を助言させていただきます。

1. とにかく自分で入力する

当たり前のことですが、書面を眺めていただけでは身に付きません！

2. 命令がわからなくてもまず試してみる

動作を確認することで、命令の意味を理解できることが多々あります！

3. ゲームソフトでもビジネスソフトでも何でもよいので、1つ完成させることを目標にする

筆者は、**プログラムを入力して実践的に学んでいくことが、プログラミングを習得する近道**であると考えています。

※第7章のColumn（206ページ参照）にプログラムを掲載しています。

mini column

初心者にうってつけのPython

筆者は専門学校でプログラミングを教える仕事もしています。プログラミング未経験の生徒に、まずScratchというツールでプログラミングの楽しさを体験してもらい、次にPythonやJavaScriptを教えます。ちなみに、プログラマー志望の学生の就職活動にはC言語の知識が必須なので、その生徒達にはC言語も教えます。

Pythonは手軽にプログラムを記述し、すぐに実行確認できるので、プログラミングの学習に向いています。実際に多くの学生が戸惑うことなくPythonを使えるようになっていきます。これが、例えばJavaというプログラミング言語は記述の仕方が難解なので、すらすらと覚えるようなことは、なかなかできません。

筆者は生徒達がプログラミングの基礎を理解したら、PythonやJavaScriptでゲームを作らせるようにしています。まずシンプルなミニゲームを制作し、そこから徐々に色々な処理を教えていきます。

本書は以上のような筆者の教える経験を元に、やさしい内容から始め、少しずつ実務に使える知識を増やす構成にしました。**Column**には楽しみながら学べる題材も盛り込み、ビジネスアプリケーション開発の入門書ですが、固い内容にならないように心がけました。プログラミングの学習は楽しみながら行うと上達が早いと考えています。

みなさん、肩の力を抜いて読み進めていただければと思います。

Chapter 3

プログラミングの基礎知識

この章ではプログラミング技術を習得するために必要な入出力、変数、条件分岐、繰り返しという基礎知識を学びます。また、次章では関数とリストについて学びます。それらは多くのプログラミング言語に共通する大切な知識ですので、しっかり学んでいきましょう。
本書は、Pythonに仕事をさせて業務を効率化することを目標に学習を進めます。
章末のColumnでは、Pythonに仕事をさせるとはどういうことかを説明します。

Section 3-1

入力と出力

入力と**出力**は、コンピュータとその中で動くプログラムの最も基本となる動作です。画面に文字を表示するところからプログラミングを学び始めることも多いでしょう。文字の表示は出力であり、Pythonでは**print()**という命令で文字列を出力します。また文字列の入力は、**input()**という命令で行います。ここでは、それらの命令について学びます。

print()命令を使う

print()命令を使ったプログラムを確認します。

IDLEを起動して、メニューバーの【File】➡【New File】（Ctrl＋N）を選び、エディタウィンドウ（テキストエディタ）を開きます。続けて、次のプログラムを入力しましょう。もちろん、行番号と日本語の説明は入力しません。

リスト▶ list0301_1.py

行番号	プログラム	説明
1	print("文字列の出力")	print()命令で文字列を出力する

たった1行のプログラムです。

プログラムを入力したら、【File】➡【Save As...】（Ctrl＋Shift＋S）を選び、list0301_1.pyというファイル名で作業フォルダに保存します。

次に、メニューバーの【Run】➡【Run Module】（F5）を選びます。

このプログラムを実行すると、図3-1-1のようにIDLEのシェルウィンドウに文字列が出力されます。

図3-1-1 実行結果

```
文字列の出力
>>>
```

正しく動作しないときはprint()にスペルミスがないか、pを大文字にしていないか、文字列の初めと終わりをダブルクォート(")で囲んでいるかを見直してください。

Pythonで文字列を扱う場合は、ダブルクォート(")かシングルクォート(')で文字列をくくります。本書では特別な場合を除いて、ダブルクォートで統一します。

値を出力するプログラムをもう1つ確認し、プログラムの入力と実行確認の作業に慣れていきましょう。

次のプログラムを入力して、名前を付けてファイルを保存します。

リスト▶ list0301_2.py

```
1  a = 100
2  print(a)
```

aという名前の変数に100という値を代入
aの値をprint()命令で出力する

このプログラムを実行すると、図3-1-2のようにシェルウィンドウにaの値が出力されます。

図3-1-2 実行結果

```
100
>>>
```

このプログラムは1行目でaという変数に100という値を代入しています。

変数は**3-2**「変数と計算式」で解説しますが、ここでは**数や文字列を入れる箱のようなもの**と考えておいてください。**print(変数名)**とすると、その値を出力できます。

input()命令を使う

次は文字列の入力を試します。入力を行うにはinput()を使用します。

次のプログラムを入力して、名前を付けてファイルを保存します。

リスト▶ list0301_3.py

```
s = input("文字列の入力 ")
print("入力した文字列「" + s + "」")
```

input()命令で入力した文字列を変数sに代入
3つの文字列を+でつなぎ、print()命令で出力

このプログラムを実行すると、図3-1-3のようにシェルウィンドウに「文字列の入力 」と表示され、|が点滅します。

これが入力を受け付ける状態なので、何か文字列を入れ Enter キーを押すと、次のように入力した文字列がカギ括弧に入って出力されます。

図3-1-3 実行結果

```
文字列の入力 こんにちは
入力した文字列「こんにちは」
```

1行目のように**変数 = input(文字列)**と記述すると、Pythonのプログラムはその文字列を表示した状態で入力を受け付けます。

入力した文字列は変数に代入されます。そして2行目で「**、変数sの中身、**」が+でつながれ、print()命令で出力されます。Pythonでは、複数の文字列を+でつなぐことができます。

入力する文字列は「こんにちは」「ソーテック社」などの全角の日本語でも、「0」「888」のような半角の数値でもかまいません。

なおPythonのinput()命令は、半角の数値を入力しても文字列として扱われます。数値と文字列の扱い方は、**3-2**「変数と計算式」と**3-3**「データ型について」で学びます。

3-1のポイント

- print()命令で文字列や変数の値を出力する。
- input()命令で文字列の入力を受け付け、入力した文字列を変数に代入する。

Section 3-2 変数と計算式

ここでは、変数とはどのようなものかについて学びます。変数では数値だけでなく、文字列を扱うことができます。文字列の扱い方も説明します。

変数とは

変数とは、コンピュータのメモリ上に用意された**値を入れる箱**のようなものです。そこに数値や文字列というデータを入れて、計算や判定を行います。

変数のイメージを図3-2-1に表してみます。

図3-2-1 変数のイメージ

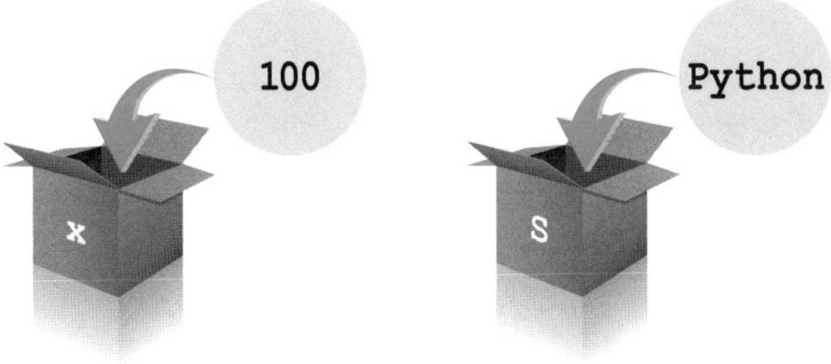

これは、xという名の変数に100という数値を入れて、sという変数にPythonという文字列を入れるイメージです。

プログラミングの変数の基本的な概念は数学で学ぶ変数と一緒ですが、プログラミングの変数では文字列を扱うことができます。

図3-2-1をプログラムで記述してみましょう。

次のプログラムを入力して、名前を付けてファイルを保存します。

リスト▶ list0302_1.py

`x = 100`	変数xに100という数値を代入
`s = "Python"`	変数sにPythonという文字列を代入
`print(x)`	print()でxの値を出力
`print(s)`	print()でsの値を出力

このプログラムを実行すると、図3-2-2のようにxとsの値が出力されます。

図3-2-2 実行結果

```
100
Python
```

変数を使うには、変数の名前を決めて、イコール（=）を用いて最初に代入する値（**初期値**）を記述します。これを「変数の**宣言**」といい、値を代入するイコールを「**代入演算子**」といいます。

Pythonではこう記した時点から、その変数を使うことができます。

MEMO

プログラミング言語のイコールは、数学のイコールと使い方が少し違うと覚えておきましょう。

変数の値を変更する

変数の値はいつでも変更でき、どの変数に何が入っているかを知ることができます。

変数の宣言時に入れた初期値を、別の値に入れ替えるプログラムを確認します。次のプログラムを入力して、名前を付けてファイルを保存します。

リスト▶ list0302_2.py

```
val = 0             valという変数を宣言し初期値を代入
print(val)          valの値をprint()で出力
val = 777           valに新たな値を代入
print(val)          valの値をprint()で出力
```

このプログラムを実行すると、図3-2-3のように初期値と新たに代入した値が出力されます。

図3-2-3 実行結果

```
0
777
```

変数名は前のプログラムまでアルファベット1文字でしたが、このプログラムではvalと3文字にしています。この後で説明しますが、変数名は2文字以上のアルファベットで付けることができ、アンダースコア(_)を含めることができます。

変数を使った計算式

変数と算術演算子（+ − * / %）で計算式を記述したプログラムを確認します。

このプログラムには、tax_inというアンダースコア（_）を入れた変数があります。次のプログラムを入力して、名前を付けてファイルを保存します。

リスト ▶ list0302_3.py

1	`price = 1000`	変数priceを宣言し初期値を代入
2	`tax_in = price * 1.1`	変数tax_inを宣言し、計算式で初期値を代入
3	`print(price)`	priceの値をprint()で出力
4	`print(tax_in)`	tax_inの値をprint()で出力

このプログラムを実行すると、図3-2-4のようにpriceとtax_inの値が出力されます。

図3-2-4 実行結果

```
1000
1100.0
```

変数を宣言したり値を入れ替えるとき、2行目のように計算式を記述することができます。

変数名の付け方

変数名の付け方には、大切なルールがあります。そのルールを説明します。

- アルファベットとアンダースコア(_)を組み合わせて、任意の名称にできる
- 数字を含めることができるが、数字から始めてはいけない
- 予約語は使用してはいけない

予約語とは、コンピュータに基本的な処理を命じるための語です。

Pythonには、「if elif else and or for while break continue import def class False True」などの予約語があります。ここに挙げた予約語の意味は、本書の中で順に説明していきます。

表3-2-1　変数名の具体例

○	x = 0
○	score = 1000
○	new_price = 5000
○	box1 = 0　数字を含めることができる
×	1box = 0　ただし数字から始めてはいけない
×	if = 0 や and = 0　予約語を使ってはならない

その場で使い捨てる変数はアルファベット1文字でかまいませんが、重要な変数は上記で紹介したscoreやnew_priceのように、何を扱うかわかりやすい変数名にしましょう。

Pythonの変数名は小文字で付けることが推奨されています。大文字を使うこともできますが、特に理由がなければ小文字とし、2つ以上の単語を組み合わせるときにアンダースコアを用いるとよいでしょう。

MEMO

変数名の大文字と小文字は区別されるので、例えばappleとAppleは別の変数になります。

3-2のポイント

- 変数を使うには、変数名 = 初期値 と記述する。
- 変数を使って数値や文字列というデータを扱う。
- 演算子（+ - * / ）と変数で、足し算、引き算、掛け算、割り算ができる。
- 変数名の付け方にはルールがある。

Section 3-3
データ型について

ここでは、変数のデータ型について説明します。データ型を単に「型」ということもあります。

データ型を理解する

変数とは「**データを入れる箱**」のようなものであることを**3-2**「変数と計算式」で説明しました。変数に入れるデータには種類があります。

Pythonでは次の4種類があり、これらを**データ型**といいます。

表3-3-1 Pythonのデータ型

データの種類	型の名称	値の例
数値	整数型 (int型)	-5　0　999
	小数型 (float型)※	0.02　1.0　3.141592
文字列	文字列型 (string型)	○○株式会社　Hello
論理値	論理型 (bool型)	TrueとFalse

※プログラムの小数は浮動小数点数であり、正確には浮動小数点数型です。
浮動小数点数は、70ページで説明します。

intは「イント」と読み、整数を表すintegerという英単語の略です。floatは「フロート」、stringは「ストリング」、boolは「ブール」と読みます。

論理型の値はTrue (真) とFalse (偽) の2つです。論理型とその値の意味は、**3-4**「条件分岐」(72ページ参照) で説明します。

整数と小数の扱い

Pythonでは、変数を宣言するとき

```
変数名 = 整数
```

とすれば、その変数で整数を扱う意味になります。また、

Chapter 3 プログラミングの基礎知識

変数名 = 小数

とすれば、その変数で小数を扱う意味になります。

整数を扱うと宣言した変数に後から小数を代入したり、逆に小数を扱うと宣言した変数に後から整数を入れてもかまいません。

ここで、前のlist0302_3.pyを改めて確認します。1～2行目は次のようになっています。

```
1 price = 1000
2 tax_in = price * 1.1
```

1行目は1000という整数の値を変数に代入しており、priceのデータ型は整数型です。2行目でpriceの値である1000に1.1という小数を掛けています。整数に小数を掛けると、その数は小数として扱われます。つまり、tax_inのデータ型は小数型になります。

MEMO

Pythonでは整数型や小数型で宣言した変数に後から文字列を入れたり、文字列型で宣言した変数に数値を入れることができます。しかし、そのような変数の使い方をすると混乱が生じ、プログラムの誤動作（バグ）につながる恐れがあります。数値を扱うと宣言した変数はできるだけ数値のみ、文字列を扱うと宣言した変数は文字列のみを代入しましょう。なお、C言語やJavaなどのプログラミング言語では、数値を扱うと宣言した変数に文字列を入れようとするとエラーが発生します。

文字列の扱い

データ型への理解を深めるため、変数で文字列を扱ってみます。

次のプログラムを入力して、名前を付けてファイルを保存します。

リスト▶ list0303_1.py

`sei = "廣瀬"`	変数seiを宣言し文字列「廣瀬」を代入
`mei = "豪"`	変数meiを宣言し文字列「豪」を代入
`shimei = sei + mei`	変数shimeiを宣言、seiとmeiの値を連結し代入
`print(shimei)`	shimeiの値を出力

このプログラムを実行すると、図3-3-1のように出力されます。これは筆者の氏名ですが、1～2行目をみなさんの姓と名に変更し、再度、実行確認してみましょう。

図3-3-1 実行結果

```
廣瀬豪
```

変数seiとmeiを文字列型の変数として宣言しています。

そして、変数shimeiの初期値にseiとmeiの値を+でつないで代入するので、shimeiのデータ型も文字列型になります。

MEMO

文字列同士の引き算(-)や割り算(/)はできませんが、Pythonでは掛け算の*を使い、その文字列を繰り返すことができます。例えばprint("ABC"*5)とすると、ABCABCABCABCABCと出力されます。

文字列と数値の変換

int()と**float()**という命令で文字列を数値に変えることができます。

int()は文字列や小数を整数に変換する命令、float()は文字列や整数を小数に変換する命令です。

int()の使い方を確認します。文字列を整数に変えるプログラムです。

次のプログラムを入力して、名前を付けてファイルを保存します。

リスト▶ list0303_2.py

```
s = "1111"      変数sを宣言し文字列「1111」を代入
print(s+s)      sの値とsの値を+でつないで出力
i = int(s)      変数iにsの値を数値に変換して代入
print(i+i)      iの値とiの値を+で足して出力
```

このプログラムを実行すると、図3-3-2のように出力されます。

11111111が文字列で、**2222**は数値です。

図3-3-2 実行結果

```
11111111
2222
```

数値を文字列に変換するには、**str()**命令を使用します。ここで、str()の使い方を確認します。

次のプログラムを入力して、名前を付けてファイルを保存します。

リスト▶ list0303_3.py

1	`f = 3.14159265359`	変数fを宣言し小数の値を代入
2	`s = "πの値は"+str(f)`	変数sに「πの値は」と、文字列にしたfの値をつないで代入
3	`print(s)`	sの値を出力

このプログラムを実行すると、図3-3-3のように出力されます。

図3-3-3 実行結果

```
πの値は3.14159265359
```

2行目で「πの値は」という文字列と3.14159265359という数値をつなぐためにstr()命令を用いています。これを**s = "πの値は"+ f**と記述すると、エラーになります。

浮動小数点数について

私たちは小数を使った計算を行うとき、以下のようなルールを設けます。

❶割り切れない小数の場合、小数点以下の無限に続く値を切り捨てずに扱う

❷割り切れない小数は、小数点以下何桁まで扱うかを決めたり、有効数字を定める

具体的に1÷3という数で考えてみると、

❶の場合、循環小数$0.\dot{3}$(3が無限に続く)で表記するか、分数で表します。

❷の場合、例えば有効数字を4桁にすると、0.3333になります。

コンピュータの内部では、小数は❷に近い方法で計算されます。そのようにして扱う数を「**浮動小数点数**」といいます。

浮動小数点数の計算では誤差が生じることがあります。その誤差は趣味のプログラミングなら大きな問題にはなりませんが、誤差が生じてはいけない場合もあります。例えば、銀行のコンピュータで計算するうちに金額がずれるということが起きたら、大きな混乱を生じさせかねないことが想像できます。

コンピュータの小数の計算では誤差が生じると知っておくと、将来、ビジネスアプリケーションを開発するときに役に立つでしょう。

ここでは、小数の計算で誤差が出ることを実際に体験しましょう。

次のプログラムを入力して、名前を付けてファイルを保存します。

リスト▶ list0303_4.py

```
a = 1.2        変数aを宣言し1.2を代入
b = a+a+a      変数bを宣言しa+a+aの値を代入
print(a)       aの値を出力
print(b)       bの値を出力
```

このプログラムを実行すると、図3-3-4のように出力されます。

bの値は3.6になってほしいところですが、そうならずに誤差が生じたことが確認できます。

図3-3-4 実行結果

```
1.2
3.5999999999999996
```

さて、みなさんが本書でプログラミングを学ぶ過程では、この程度の誤差は問題になりません。小数の計算では誤差が生じることを頭の隅に置いたら、気にせずに先へ進みましょう。

3-3のポイント

- ✦ Pythonのデータ型には、整数型、小数型、文字列型、論理型がある。
- ✦ int()、float()、str()という命令で、文字列と数値の変換ができる。
- ✦ コンピュータで小数の計算を行うとき、誤差が生じることがある。

Section 3-4

条件分岐

条件分岐とは、コンピュータに行わせる処理を、ある条件が成立したときに分岐させる仕組みです。ここでは、条件分岐について学びます。

条件分岐を理解する

条件分岐を言葉で表すと、「**もしある条件が成立したら、この処理をしなさい**」となります。

条件が成立したかを調べる式を「**条件式**」といいます。詳しくは、この後で説明します。

条件分岐を図にすると、図3-4-1のようになります。青色の矢印の線がプログラムの処理の流れを示しています。条件式が成り立つときにだけ、四角内の処理が行われます。

図3-4-1　条件分岐

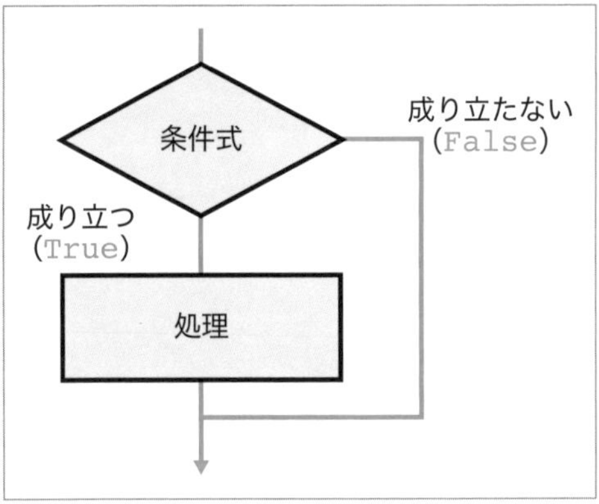

if文の書式

Pythonでは条件分岐を**if**という命令で記述します。ifは**もし**という意味の英単語です。ifを用いて記述した部分を「**if文**」といいます。

if文の書式は、次ページの図3-4-2のようになります。

図3-4-2　Pythonのif文

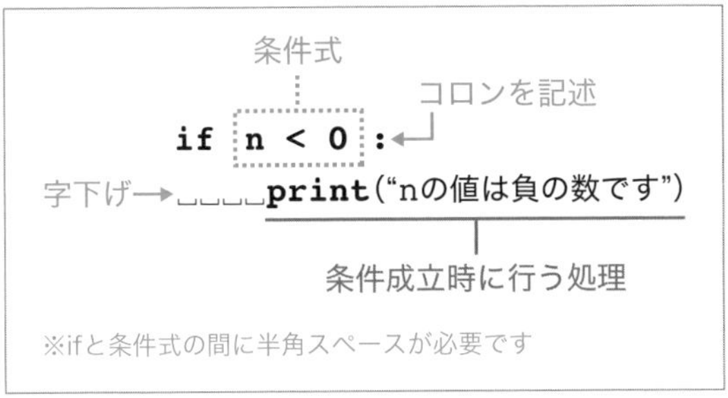

条件が成り立つときに行う処理を字下げして記述します。通常、字下げは半角スペース4文字分、右にずらします。

字下げした部分を「**ブロック**」といい、処理のまとまりを表します。条件式が成立したときに複数の処理を行う場合には、図3-4-3のように記述します。

図3-4-3　if文のブロック

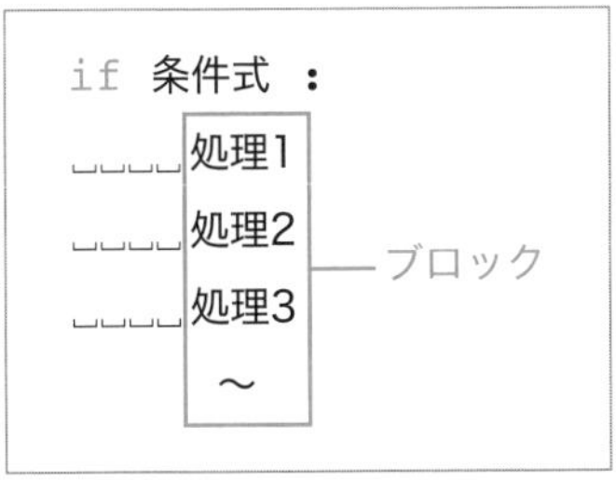

ifを用いたプログラム

日本語で記述した条件分岐の例

- もし　変数がマイナスの値なら　「負の数です」と出力せよ
- もし　変数がプラスの値なら　「正の数です」と出力せよ

これを実際にプログラムで記述してみます。次ページのプログラムを入力して、名前を付けてファイルを保存します。

リスト▶ list0304_1.py

```
1  n = 10                           変数nに10を代入
2  if n < 0:                        nが0より小さいなら
3      print("nの値は負の数です")     「nの値は負の数です」と出力
4  if n > 0:                        nが0より大きいなら
5      print("nの値は正の数です")     「nの値は正の数です」と出力
```

このプログラムを実行すると、図3-4-4のように出力されます。

図3-4-4 実行結果

```
nの値は正の数です
```

1行目で変数nに10という値を代入します。2行目のif文の条件式n < 0は成り立たないので、そのif文のブロックの処理（3行目）は実行されません。

4行目のif文の条件式n > 0は成り立つので、5行目の処理が実行されます。

1行目のnの値を-1や-100など負の数にして、動作を確認しましょう。

条件式について

条件式は次のように記述します。

表3-4-1 条件式

条件式	何を調べるか
a == b	aとbの値が等しいか調べる
a != b	aとbの値が等しくないか調べる
a > b	aはbより大きいか調べる
a < b	aはbより小さいか調べる
a >= b	aはb以上か調べる
a <= b	aはb以下か調べる

Pythonでは条件式が成り立つときは**True**、成り立たないときは**False**になります。TrueとFalseは論理型の値です。**if文は条件式がTrueのときに、そのブロックに記述した処理を実行**します。

値が等しいか調べるには**==**とイコールを2つ並べ、等しくないか調べるには**!=**と記述します。==と!=は数学にない記述なので、はじめてご覧になる方もいらっしゃるでしょう。

条件式では、このように記述すると覚えてしまいましょう。

if ～ elseを用いる

if文に**else**という命令を記述し、条件式が成り立たなかったときに処理を行うことができます。

図3-4-5 if～elseの処理の流れ

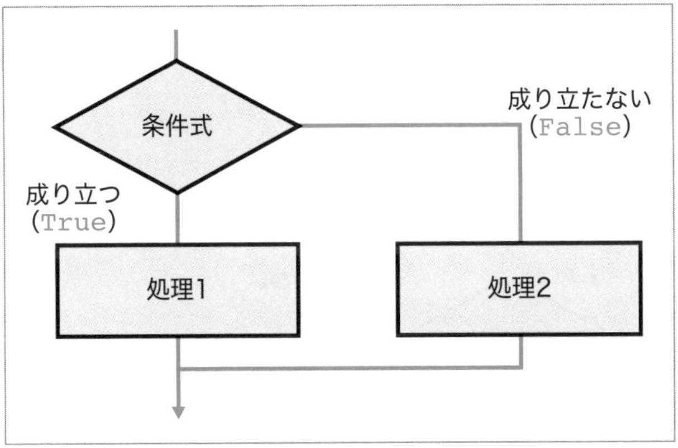

elseの使い方を確認します。

次のプログラムを入力して、ファイル名を付けて保存します。

リスト▶ list0304_2.py

```
n = 10                                  変数nに10を代入
if n == 0:                              nが0なら
    print("nの値はゼロです")            「nの値はゼロです」と出力
else:                                   そうでないなら
    print("nの値はゼロではありません")  「nの値はゼロではありません」と出力
```

このプログラムを実行すると、次ページの図3-4-6のように出力されます。

図3-4-6 実行結果

```
nの値はゼロではありません
```

1行目でnに10を代入します。2行目の条件式は成り立たないので3行目は実行されずに、elseのブロックに記述した5行目が実行されます。

if ～ elif ～ elseを用いる

if ～ elif ～ elseと記述し、複数の条件を順に調べることができます。

図3-4-7 if ～ elif ～ elseの処理の流れ

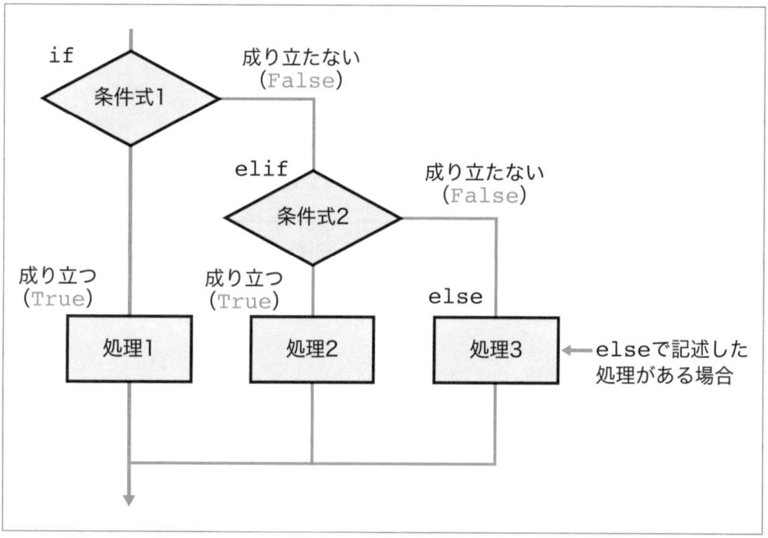

この条件分岐を確認します。

次ページのプログラムを入力して、ファイル名を付けて保存します。

リスト▶ list0304_3.py

	コード	説明
1	`n = -1`	nに-1を代入
2	`if n == 0:`	nが0なら
3	`    print("nの値はゼロです")`	「nの値はゼロです」と出力
4	`elif n > 0:`	そうでなくnが0より大きいなら
5	`    print("nの値は正の数です")`	「nの値は正の数です」と出力
6	`else:`	いずれの条件も成り立たないなら
7	`    print("nの値は負の数です")`	「nの値は負の数です」と出力

このプログラムを実行すると、図3-4-8のように出力されます。

図3-4-8 実行結果

```
nの値は負の数です
```

1行目でnに-1を代入しており、2行目と4行目の条件式は成り立たず、elseのブロックに記述した7行目が実行されます。

例えば1行目をn = 1とした場合、今度は4行目が成り立つので、5行目の処理が実行されます。

MEMO

このプログラムではelifを1つだけ記述しましたが、elifの条件式とブロックを2つ以上記述し、複数の条件を順に判定できます。

andとor

andやorを用いると、1つのif文に複数の条件式を記述して判定できます。

andは**かつ**、orは**または**という意味になります。記述の方法と判定した内容を次の表にまとめます。

表3-4-2 andとorを用いた条件判定

記述の仕方	判定内容
A and B	条件式A、条件式Bともに成り立つとき、Trueとなる
A or B	条件式AとBのどちらか一方が成り立つ、あるいはABともに成り立つとき、Trueとなる

andの使い方を確認します。

次のプログラムを入力して、ファイル名を付けて保存します。

リスト▶ list0304_4.py

```
1 a = 0                              aに0を代入
2 b = 0                              bに0を代入
3 if a == 0 and b == 0:              aが0かつbが0なら
4     print("aもbも値はゼロです")      「aもbも値はゼロです」と出力
```

このプログラムを実行すると、図3-4-9のように出力されます。

図3-4-9 実行結果

```
aもbも値はゼロです
```

1～2行目でa、bともに0を代入しており、3行目のa == 0 and b == 0が成り立つので、4行目が実行されます。

a、bどちらかを0以外の値にすると、3行目が成り立たなくなり、何も出力されなくなります。

orの使い方を確認します。

次のプログラムを入力して、ファイル名を付けて保存します。

リスト▶ list0304_5.py

```
1 x = 0                              xに0を代入
2 y = 1                              yに1を代入
3 if x == 0 or y == 0:               xが0もしくはyが0なら
4     print("xとy、どちらかは0です")   「xとy、どちらかは0です」と出力
```

このプログラムを実行すると、図3-4-10のように出力されます。

図3-4-10 実行結果

```
xとy、どちらかは0です
```

1行目でxに0、2行目でyに1を代入しており、3行目のx == 0 or y == 0が成り立つので、4行目が実行されます。

xを0以外の値にすると、3行目が成り立たなくなり、何も出力されなくなります。

3-4のポイント

- 条件分岐は 、if ～ elif ～ else という命令で記述する。
- Pythonでは、字下げでブロック（処理のまとまり）を記述する。
- andやorを用いて、1つのif文の中に複数の条件式を記述できる。

Section 3-5 繰り返し

繰り返しとは、コンピュータに一定回数、決まった処理を行わせることです。ここでは、繰り返しについて学びます。

繰り返しを理解する

繰り返しを言葉で表すと、

❶「変数の値をある範囲で変化させ、その間、処理を繰り返しなさい」
❷「ある条件が成り立つ間、処理を繰り返しなさい」

となります。

Pythonでは繰り返しを**for**や**while**という命令で記述します。英単語のforにはさまざまな意味がありますが、繰り返しのforは**～の間**という意味です。

Pythonでは❶の繰り返しをforで、❷の繰り返しをwhileで記述します。ここでは、まずforについて説明し、whileについては89ページで説明します。

forを用いて記述した繰り返しを**for文**といいます。for文の処理の流れは、図3-5-1のようになります。

図3-5-1 forの繰り返し

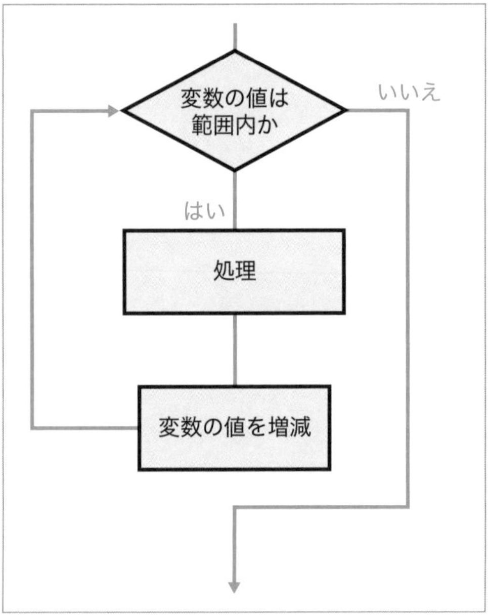

for文の書式

for文の書式は、図3-5-2のようになります。

図3-5-2 Pythonのfor文

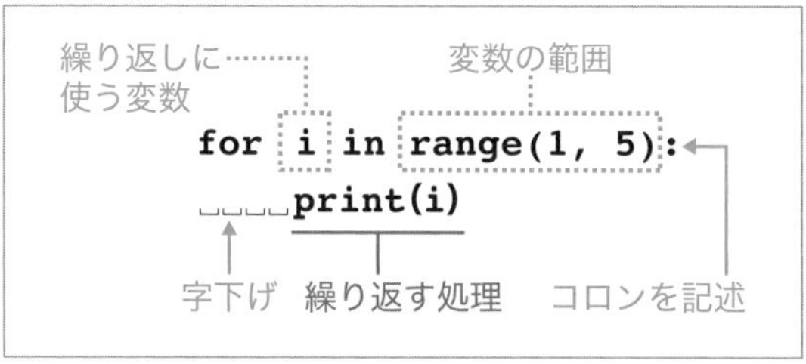

繰り返しで複数の処理を行うには、if文と同様に、字下げしたブロックにそれらの処理を記述します。

図3-5-3 for文のブロック

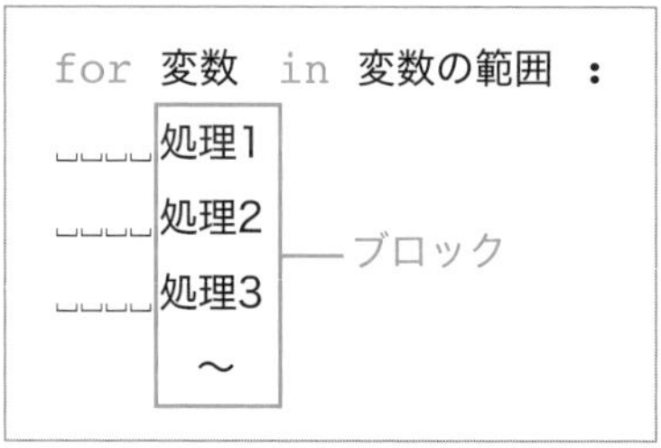

range()命令を理解する

for文では、range()命令で変数の値の範囲を指定します。

range()には、次の書き方があります。

表3-5-1

書き方	意味
range (繰り返す回数)	変数の値は0から始まり、指定した回数を繰り返す
range (初めの数, 終わりの数)	変数の値は初めの数から始まり、1ずつ増えながら、終わりの数まで繰り返す
range (初めの数, 終わりの数, 数をいくつずつ増減するか)	変数を初めの数から終わりの数まで指定した値ずつ増やしながら、あるいは減らしながら繰り返す

range() は指定した範囲の数の並びを表します。

例えば、range(1, 5) は「**1, 2, 3, 4**」という数の並びになります。ここでは、**終わりの数の5が入らない点に注意しましょう。**

forを用いたプログラム

for 文の動作を確認します。次のプログラムを入力して、名前を付けてファイルを保存します。

リスト▶ list0305_1.py

```
for i in range(10):      # 繰り返し iは0から始まり10回繰り返す
    print(i)             # iの値を出力
```

このプログラムを実行すると、図3-5-4のように出力されます。

図3-5-4 実行結果

```
0
1
2
3
4
5
6
7
8
9
```

このプログラムは変数iの値が0から始まり、9になるまで繰り返します。繰り返しの間、for 文のブロックに記述したprint() 命令でiの値が出力されます。

MEMO

繰り返しに使う変数は慣例的にiを用いることが多いので、このプログラムもそのようにしています。

色々な繰り返し

for文に慣れるため、繰り返しのプログラムをいくつか試していきます。

値の範囲をrange(初めの数, 終わりの数)で指定する繰り返しを確認します。次のプログラムを入力して、名前を付けてファイルを保存します。

リスト▶ list0305_2.py

```
for i in range(1, 5):
    print(i)
```

繰り返しiは1から始まり4まで繰り返す
iの値を出力

このプログラムを実行すると、図3-5-5のように出力されます。

図3-5-5 実行結果

```
1
2
3
4
```

range(初めの数, 終わりの数)とすると、変数の最後の値は**「終わりの数-1」**になります。このプログラムでは、iは5にならない点に注意してください。

次は、値を減らしていく繰り返しを確認します。次のプログラムを入力して、名前を付けてファイルを保存します。

リスト▶ list0305_3.py

```
for i in range(10, 5, -1):
    print(i)
```

繰り返しiは10から始まり、6まで1ずつ減る
iの値を出力

このプログラムを実行すると、図3-5-6のように出力されます。

図3-5-6 実行結果

```
10
9
8
7
6
```

このプログラムも、range(10, 5, -1)に記した5の1つ手前の数で終わる点に注意しましょう。

次は、値を10ずつ増やす繰り返しです。次のプログラムを入力して、名前を付けてファイルを保存します。

リスト▶ list0305_4.py

```
for i in range(0, 50, 10):
    print(i)
```

for i in range(0, 50, 10):	繰り返し iは0から始まり、40まで10ずつ増える
print(i)	iの値を出力

このプログラムを実行すると、図3-5-7のように出力されます。

図3-5-7 実行結果

```
0
10
20
30
40
```

MEMO

Pythonでは、次のような繰り返しもできます。

```
for i in "Python":
print(i)
```

こうすると、iにP、y、t、h、o、nが1文字ずつ順に入り、出力されます。

二重ループのfor文

for文の中にfor文を入れることができます。これを**forの二重ループ**と言ったり、**forをネストする**、**入れ子にする**と表現します。二重ループを用いると、複雑な繰り返し処理ができます。

二重ループのforを図3-5-8で図示してみます。

図3-5-8　二重ループ

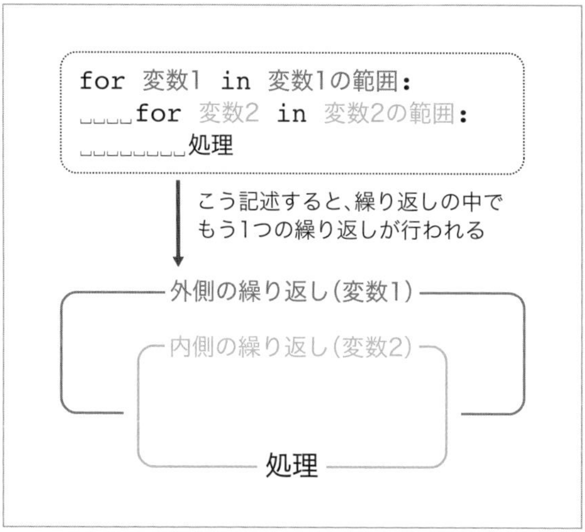

外側のforと内側のforの変数は、別の名前にします。

プログラムの動作を確認しながら、二重ループを理解していきましょう。次のプログラムを入力して、名前を付けてファイルを保存します。

リスト▶ list0305_5.py

```
for y in range(5):                  繰り返し yは0から始まり、5回繰り返す
    print("yの値"+str(y))           yの値を出力
    for x in range(3):              繰り返し xは0から始まり、3回繰り返す
        print("xの値"+str(x))       xの値を出力
```

このプログラムを実行すると、図3-5-9のように出力されます。

図3-5-9 実行結果

```
yの値0
    xの値0
    xの値1
    xの値2
yの値1
    xの値0
    xの値1
    xの値2
yの値2
    xの値0
    xの値1
    xの値2
yの値3
    xの値0
    xの値1
    xの値2
yの値4
    xの値0
    xの値1
    xの値2
```

2行目で「yの値」という文字列に、変数yに入っている数値をつなげるため、str()を用いています。4行目のstr(x)も同様です。

二重ループの繰り返しについて説明します。1行目のfor文でyの値が0から始まります。yが0のとき、3行目の変数xを用いた繰り返しを行います。

xの繰り返しが終わるとyの値が1になり、再びxの繰り返しを行います。このようにして、yの値が4になるまでxの繰り返しを行うプログラムになっています。

慣れないうちは二重ループのfor文を難しいと感じる方は多いと思います。ここですぐに理解できなくても、立ち止まる必要はありません。

第3章の最後にある**Column**（92ページ参照）で二重ループで九九の一覧を出力するので、そこで復習しましょう。

breakとcontinue

繰り返しの中で用いるbreakとcontinueという命令について説明します。

breakは繰り返しを中断する命令で、**continue**は繰り返しの先頭に戻る命令です。breakとcontinueはif文と組み合わせて使います。

breakの使い方を確認します。次のプログラムを入力して、名前を付けてファイルを保存します。

リスト▶ list0305_6.py

```
1 for i in range(100):        繰り返し iは0から始まり、100回繰り返す
2     print(i)                 iの値を出力
3     if i == 3:               iの値が3であれば
4         break                breakで繰り返しを抜ける
```

このプログラムを実行すると、図3-5-10のように出力されます。

図3-5-10 実行結果

```
0
1
2
3
```

1行目のfor文は範囲をrange(100)とし、100回繰り返すようになっていますが、3～4行目でiの値が3になったときにbreakで繰り返しを中断しています。そのため、0～3までしか出力されません。

続いて、continueの使い方を確認します。

次のプログラムを入力して、名前を付けてファイルを保存します。

リスト▶ list0305_7.py

```
for i in range(100):        繰り返し iは0から始まり、100回繰り返す
    if i < 95:               iの値が95未満であれば
        continue             continueで繰り返しの先頭に戻る
    print(i)                 iの値を出力
```

このプログラムを実行すると、図3-5-11のように出力されます。

図3-5-11 実行結果

```
95
96
97
98
99
```

for文の範囲はiが0から始まり99まで100回繰り返すと指定していますが、2〜3行目のif文でiの値が95未満ならcontinueで繰り返しの先頭に戻しています。そのため、iの値が95未満では4行目は実行されません。

値が95以上になると2行目の条件式が成り立たなくなるので、continueは行わず、4行目のprint(i)が実行されます。

MEMO

「list0305_6.pyはbreakを使わず、range(4)と指定すればよいのでは？」
「list0305_7.pyもcontinueを使わず、range(95, 100)とすればよいのでは？」

このように考える方がいらっしゃるかもしれません。ここで確認したのは学習用の簡素なプログラムなので、そう感じるかもしれませんが、実際のソフトウェア開発では複雑な処理の制御が必要になり、breakやcontinueはそのような場面で使用します。

whileで繰り返す

繰り返しは、forの他に**while**という命令で行うことができます。

whileを用いた繰り返しの流れを図示すると、図3-5-12のようになります。

図3-5-12　whileの繰り返し

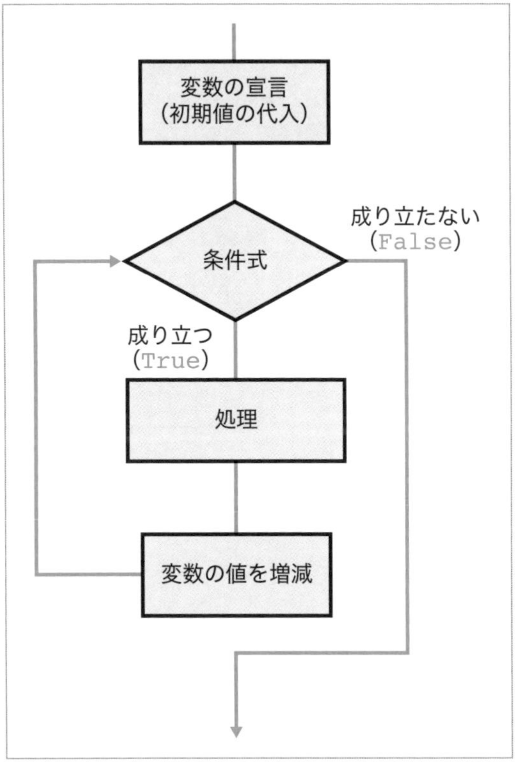

while文の書式は、図3-5-13のようになります。

図3-5-13　Pythonのwhile文

whileの条件式には、条件分岐で学んだ条件式（74ページ参照）を記述します。繰り返しに用いる変数は、while文の前で宣言します。

while文の動作を確認します。

次のプログラムを入力して、ファイル名を付けて保存します。

リスト▶ list0305_8.py

```
1  i = 0                 繰り返しに使う変数iを初期値0で宣言
2  while i < 5:          whileで条件式を指定し繰り返す
3      print(i)          iの値を出力
4      i = i + 1         iを1増やす
```

このプログラムを実行すると、図3-5-14のように出力されます。

図3-5-14 実行結果

```
0
1
2
3
4
```

2行目のwhileの条件式はiの値が5より小さいとしており、その間、3～4行目の処理が繰り返されます。

while Trueの繰り返し

while文には、**while True**と記述する方法があります。このように記述すると条件式が必ず成り立ち、処理が延々と繰り返されます。

while Trueの繰り返しを確認します。

次のプログラムを入力して、ファイル名を付けて保存します。

リスト▶ list0305_9.py

```
while True:                     whileの条件式をTrueとし無限に繰り返す
    s = input("文字列の入力 ")   文字列を入力し変数sに代入
    print(s)                    sの値を出力
    if s == "end":              sの値がendなら
        break                   繰り返しを抜ける
```

このプログラムを実行し、何か文字列を入力してみましょう。

endと入力すると、繰り返しを抜けてプログラムが終了します。end以外を入力している間は処理が繰り返されます。

図3-5-15 実行結果

```
文字列の入力 Python
Python
文字列の入力 プログラミング
プログラミング
文字列の入力 end
end
>>>
```

無限ループについて

list0305_9.pyはendと入力すると繰り返しを中断します。もし、これがバグ（下記のMEMO参照）のあるプログラムで、処理が延々と続いて終わらなくなってしまった場合には（**無限ループ**といいます）、Ctrl+C**キーを押すことで強制的にプログラムを終了**できます。万が一のときのために覚えておくとよいでしょう。

MEMO

プログラムの記述ミスや変数の計算ミスなどで起きる不具合を**バグ**といいます。

3-5のポイント

- ✦ 繰り返しの命令には、forとwhileがある。
- ✦ for文には繰り返しに使う変数名を記述し、変数の値の範囲をrange()で指定する。
- ✦ whileを使った繰り返しには、条件式を記述する。
- ✦ breakで繰り返しを中断し、continueで繰り返しの先頭に戻る。

Column Pythonに九九の表を作らせよう！

本書は、プログラミングの基礎学習の後にGUIの使い方を学びます。そしてGUIを用いたビジネスアプリケーションを開発し、最終的にみなさんが**Pythonに仕事をさせ、さまざまな業務の効率化や自動化ができる**ようになることを目標にしています。

さて、効率化や自動化とはどのようなものでしょうか。ここではPythonに九九の表を作らせることで、実際に効率化／自動化を体験してみましょう。

九九の表を出力するプログラムを確認します。次のプログラムを入力して、名前を付けてファイルを保存します。

リスト▶ list03_column.py

```
1 for y in range(1, 10):
2     shiki = ""
3     for x in range(1, 10):
4         shiki = shiki + "{}
  x{}={:2d}  ".format(x, y, x*y)
5     print(shiki)
```

1	外側の繰り返し yは1から9まで繰り返す
2	変数shikiの宣言
3	内側の繰り返し xは1から9まで繰り返す
4	shikiに文字列（九九の式）を追加していく
5	shikiの値を出力

このプログラムを実行すると、九九の式が出力されます。

図3-C-1 実行結果

1x1= 1	2x1= 2	3x1= 3	4x1= 4	5x1= 5	6x1= 6	7x1= 7	8x1= 8	9x1= 9
1x2= 2	2x2= 4	3x2= 6	4x2= 8	5x2=10	6x2=12	7x2=14	8x2=16	9x2=18
1x3= 3	2x3= 6	3x3= 9	4x3=12	5x3=15	6x3=18	7x3=21	8x3=24	9x3=27
1x4= 4	2x4= 8	3x4=12	4x4=16	5x4=20	6x4=24	7x4=28	8x4=32	9x4=36
1x5= 5	2x5=10	3x5=15	4x5=20	5x5=25	6x5=30	7x5=35	8x5=40	9x5=45
1x6= 6	2x6=12	3x6=18	4x6=24	5x6=30	6x6=36	7x6=42	8x6=48	9x6=54
1x7= 7	2x7=14	3x7=21	4x7=28	5x7=35	6x7=42	7x7=49	8x7=56	9x7=63
1x8= 8	2x8=16	3x8=24	4x8=32	5x8=40	6x8=48	7x8=56	8x8=64	9x8=72
1x9= 9	2x9=18	3x9=27	4x9=36	5x9=45	6x9=54	7x9=63	8x9=72	9x9=81

4行目のformat()命令を次ページの図3-C-2で説明します。

図3-C-2　format() 命令

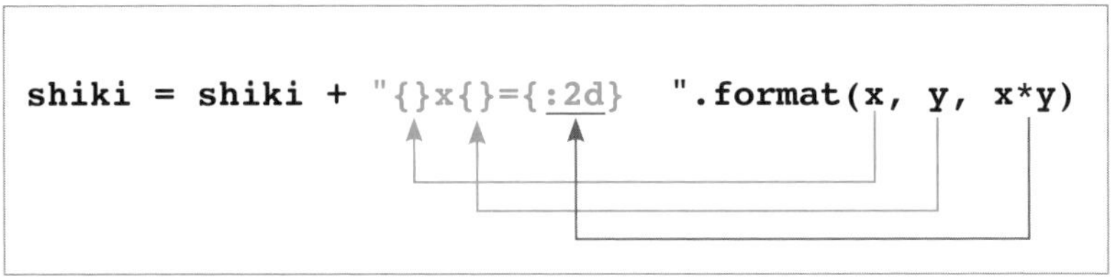
shiki = shiki + "{}x{}={:2d} ".format(x, y, x*y)

format( ) 命令は、文字列の{ }のところを引数の変数の値に置き換えます。{:2d} は２桁の数に置き換える指定です。

Pythonのプログラムは、わずか5行で九九の一覧を出力できます。筆者はC/C++、C#、Java、JavaScriptなど色々なプログラミング言語を使っていますが、Pythonが最も簡素な記述で九九を出力できます。

このプログラムは一瞬にして九九の表を出力します。これらの式を紙に手で書くとしたら、どれくらい時間が必要でしょうか？　またエクセルやワードに手入力で式を打ち込むのも、けっこう時間がかかるでしょう。

プログラムを記述して実行すれば、手書きや手入力より時間を短縮できます。それがコンピュータプログラムの便利さです。

プログラムの入力自体に時間が必要とお考えになる方もいらっしゃると思います。その通りですが、プログラミングが上達すれば、list03_column.py程度のプログラムは短時間で記述できるようになります。

コンピュータ（Pythonのプログラム）に仕事をさせるメリットは時間の短縮だけはありません。人が手書きや手入力すると、どうしてもミスが起こります。例えば子供を持つ親御さんが画用紙に九九の表を作ろうとしたとき、どこかを書き間違え、修正液で消したり白い紙を貼り付けることがあるでしょう。

プログラムを記述して実行すると、プログラム自体にミスがない限り、コンピュータが計算を間違えたり、出力結果がおかしくなることはないのです。

次ページへ続く

つまり、プログラムを記述してコンピュータに仕事をさせるということは

- （手作業より）時間を短縮できる
- （人と違って）間違いが起きない

というメリットがあるのです。

また、list03_column.pyは最も簡素なプログラムで九九を出力しましたが、もう少し複雑なプログラムを組めば、

- 九九の式をテキストファイルに保存する
- 九九の表を画像として作成する
- エクセルファイルに九九の式を書き込む

ということも可能です。

Pythonでエクセルファイルを扱う方法は第9章で学習します。そこまでしっかり学んでいただくと、エクセルファイルをプログラムで扱えるようになります。

それから本書では扱いませんが、みなさんが将来、役に立つ知識として、PythonでPDFやWordのファイルを作れることもお伝えしておきましょう。

Pythonの便利さと業務の効率化の意味が少しおわかりいただけたでしょうか。

効率化や自動化への理解を深めていただけるように、この先も随所でPythonを用いたそれらの方法について触れます。

Chapter 4

関数とリストについて学ぼう！

この章では関数とリストについて学びます。関数とリストは、前章で学んだ入出力、変数、条件分岐、繰り返しと同様に、プログラミング技術を習得するために必要な知識です。また、ビジネスアプリの開発で必要となる、日時の扱い方とファイル操作についても学習します。

Section 4-1 関数を理解する

関数とは、コンピュータが行う処理を1つのまとまりとして記述したものです。何度も行う処理がある場合には、それを関数として定義すると無駄のないプログラムを作ることができます。ここでは関数の定義の仕方を学び、次節以降でいくつかの関数を作って動作を確認します。

関数のイメージ

関数には**引数**でデータを与えて、関数内でデータを加工し、**戻り値**として何らかの値を返すという機能を持たせることができます。引数と戻り値は、**4-2**「関数の定義」と**4-3**「関数の引数と戻り値」で説明します。

ここではまず、関数のイメージを図4-1-1で眺めてみましょう。

図4-1-1　関数のイメージ

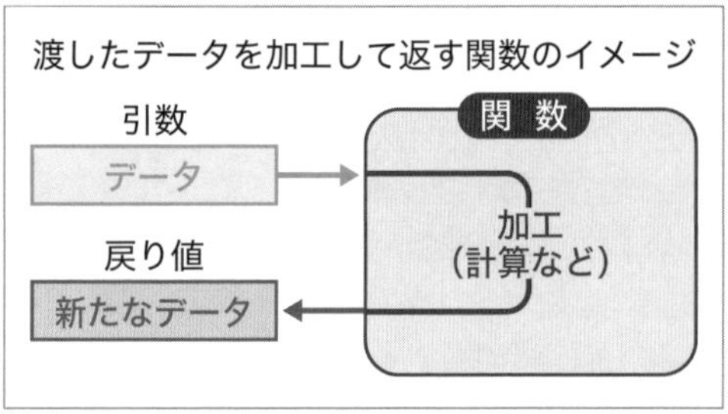

引数と戻り値は、必ずなくてはならないものではありません。以下のような関数を作ることができます。

- 引数があり、戻り値はない関数
- 引数はなく、戻り値がある関数
- 引数も戻り値もない関数

MEMO

関数は何かの機能を持たせた“小さな装置”と考えてみてください。その小さな装置をいくつか組み合わせ、大きな機械（ソフトウェア）を作るイメージです。“小さな”という表現を使いましたが、長い行数で記述した“大きな”機能を持つ関数を作ることもできます。

関数のメリット

複数個所で同じ処理を行うとき、処理を1つひとつ記述していくとプログラムに無駄が生じます。そのようなときは、コンピュータが行う処理を関数として定義します。このイメージを図4-1-2で表してみます。

図4-1-2　関数で処理をまとめる

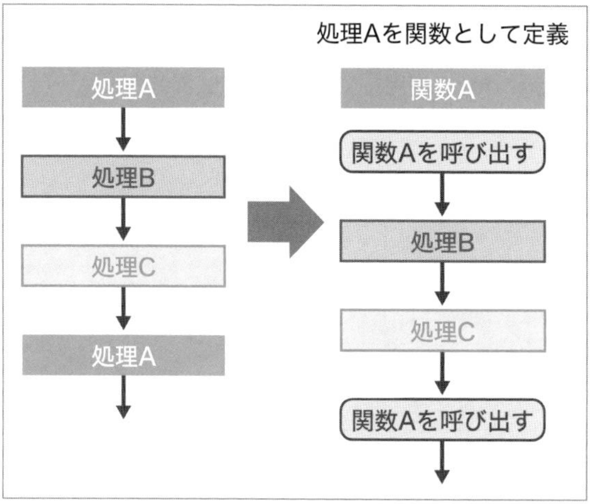

こうすればプログラムがすっきりし、記述ミスを減らすことができます。

次の**4-2**「関数の定義」で関数の定義の仕方を学び、まず引数も戻り値もない簡単な関数を作り、動作を確認します。

4-1のポイント

- コンピュータが行う処理を1つのまとまりとして記述したものが関数である。
- 何度も行う処理を関数として定義すれば、プログラムがすっきりし記述ミスを減らせる。

Section 4-2 関数の定義

関数の定義の仕方を学びます。簡単な関数を記述して動作を確認しながら、関数を理解していきましょう。

関数の書式

Pythonの関数は次のように**def**を使用して定義します。関数名には、**()**を記述します。

図4-2-1　関数の書式

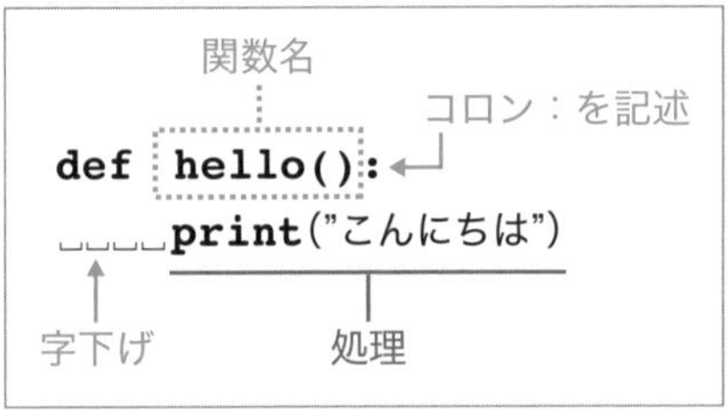

複数の行で処理を記述するには、すべての行を字下げします。
ifやforと同様に、字下げしたブロックが処理のまとまりになります。

図4-2-2　関数の字下げとブロック

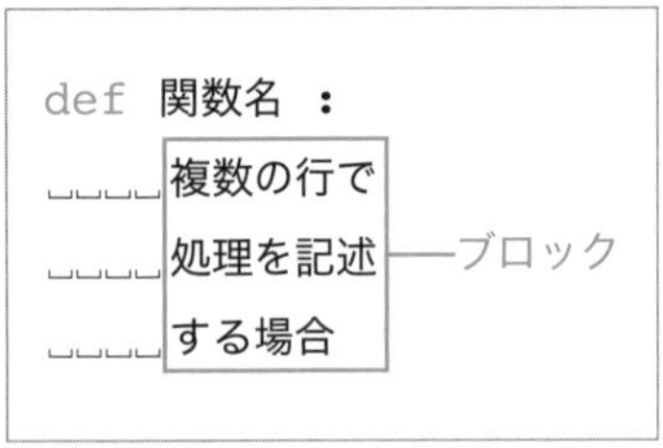

シンプルな関数

引数も戻り値もないシンプルな関数で動作を確認します。
次のプログラムを入力して、ファイル名を付けて保存します。

リスト▶ list0402.py

```
1 def hello():
2     print("こんにちは")
3
4 hello()
```

hello()という関数を定義する
print()命令で文字列を出力
hello()関数を呼び出す

このプログラムを実行すると、図4-2-3のようにシェルウィンドウに「こんにちは」と出力されます。

図4-2-3 実行結果

```
こんにちは
>>>
```

1〜2行目で関数を定義し、4行目でその関数を実行しています。関数を実行することを、**関数を呼び出す**と表現します。

4行目で関数を実行することがわかりやすいように、3行目には何も記述していませんが、この行は詰めてもかまいません。

関数は定義しただけでは働かない

関数を定義しただけでは実行されません。関数に働いてもらうには、4行目のように関数名を記述して呼び出す必要があります。

第3章で学んだプログラムは、どれも1行目から順に実行されましたが、**list0402.pyの1〜2行目の記述は関数の定義であり、それだけ記してもプログラムは動作しません。**試しに4行目を削除するか、#hello()とコメントアウトして実行すると、何も起きないことがわかります。

さて、list0402.pyの関数は「こんにちは」と出力するだけなので、プログラム内の必要なところにprint("こんにちは")と記述したほうが楽なのではと考える方もいらっしゃるでしょう。そう思われるのは、この関数は学習用に記述したもので、関数本来の力（利点）を発揮していないからです。

次の**4-3**「関数の引数と戻り値」では、どのような処理を関数として定義すると便利かを含め学んでいきます。

MEMO

関数はプログラミング初心者にとってとっつきにくいものですが、大切な知識なのでじっくり理解していきましょう。そのため、**4-1**→**4-2**→**4-3**と3段階で学ぶようにしています。

4-2のポイント

- 関数はdefで定義する。
- 関数は定義しただけでは働かず、呼び出すことで実行される。

Section 4-3 関数の引数と戻り値

ここでは関数の引数と戻り値について学び、どのような処理を関数として記述するとよいかを説明します。

引数と戻り値の有無

関数の引数と戻り値の有無を表4-3-1に示します。

表4-3-1　関数の引数と戻り値の有無

	引数なし	引数あり
戻り値なし	①	②
戻り値あり	③	④

4-2「関数の定義」で学んだhello()という関数は、①に該当します。
次に、②と④の関数の例を順に確認していきます。

MEMO

③の関数は、②と④を学べば理解できるものなので、省略します。

引数のある関数

まずは、引数があって、戻り値のない関数を確認します。
次のプログラムを入力して、ファイル名を付けて保存します。

リスト▶ list0403_1.py

`def triangle(b, h):`	triangle()という関数を定義する
`    a = b * h / 2`	引数の値から面積を計算しaに代入
`    print("底辺{}cm、高さ{}cmの".format(b, h))`	print()で底辺と高さの文字列を出力
`    print("三角形の面積は{}cm2".format(a))`	print()で面積の文字列を出力
`triangle(10, 8)`	triangle()関数を呼び出す

このプログラムを実行すると、図4-3-1のように三角形の面積が出力されます。

図4-3-1 実行結果

```
底辺10cm、高さ8cmの
三角形の面積は40.0cm2
```

1～4行目で三角形の底辺と高さの値を引数で受け取って、面積を計算し、print()命令で文字列を出力する関数を定義しています。

三角形の面積は**底辺×高さ÷2**です。2行目で変数aに面積が代入されます。

3～4行目のprint()命令で三角形の底辺、高さ、面積を文字列で出力します。

この関数を実際に働かせているのが6行目です。**関数は定義しただけでは実行されず、関数名（引数）と記述して呼び出すことではじめて働きます。**

3～4行目のformat()命令は第3章の**Column**（92ページ参照）に出てきましたが、大切な命令なので、ここでもう一度、図示して説明します。

図4-3-2 format()命令

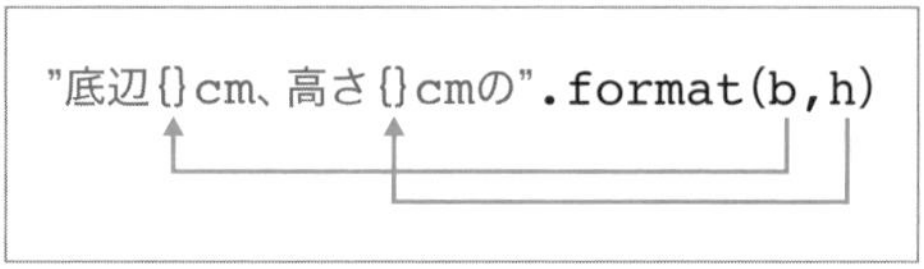

format()命令は、文字列の{}のところを引数の値に置き換えます。

戻り値のある関数の書式

関数に戻り値を持たせるときは、関数内のブロックにreturn戻り値と記述します。通常、**戻り値は変数名か計算式を記述し、その変数の値や計算結果を返す**ようにします。

次ページの図4-3-3は、戻り値のある関数の例です。変数aとbの値を足したものが戻り値になります。

図4-3-3　戻り値のある関数の例

```
def add(a, b):
    return a+b
```

（a+b：戻り値）

この関数を実際に記述して、動作を確認します。

次のプログラムを入力して、ファイル名を付けて保存します。

リスト▶　list0403_2.py

```
1 def add(a, b):              # add()という関数を定義する
2     return a+b              # 2つの引数を足した値を戻り値として返す
3
4 c = add(3, 7)               # 変数cにadd()関数の戻り値を代入
5 print(c)                    # print()でcの値を出力
```

このプログラムを実行すると、図4-3-4のように3+7の答えである10が出力されます。

図4-3-4　実行結果

```
10
>>>
```

4行目でadd(3, 7)を実行するとき、引数の変数aに3、bに7が入ります。add()関数はa+bを計算し、その答えを戻り値としてリターン（return）します。戻り値は変数cに代入され、cの値を5行目で出力しています。

4行目の仕組みをイメージで表すと、図4-3-5のようになります。

図4-3-5　戻り値の仕組み

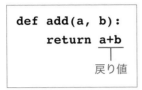

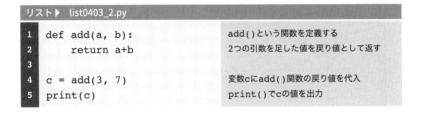

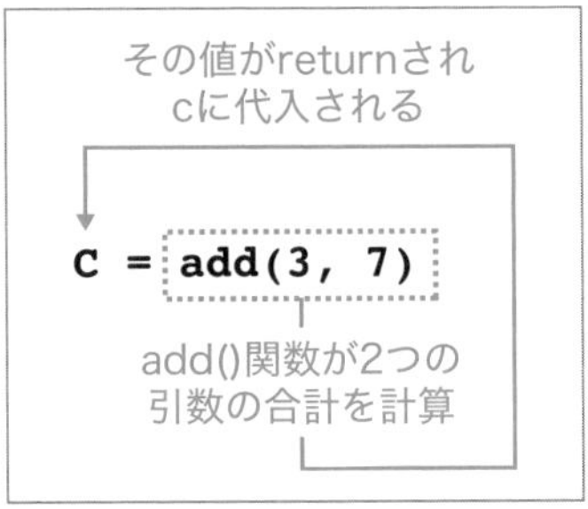

MEMO

戻り値には、数値や文字列、論理型の値（TrueまたはFalse）を記述することもできます。例えば「**return 5**」と記述した関数は、呼び出すと必ず「**5**」を返します。

直方体の体積を返す関数

引数があって、戻り値もある関数をもう1つ確認します。この関数は、引数で直方体の3辺の長さ（a, b, c）を与えると体積を返します。

図4-3-6 直方体の体積

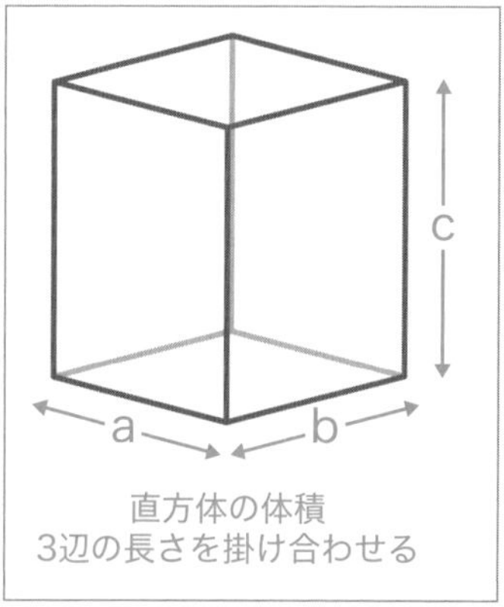

次のプログラムを入力して、ファイル名を付けて保存します。

リスト▶ list0403_3.py

```
def volume(a, b, c):
    v = a * b * c
    return v

v1 = volume(12, 8, 20)
print("底辺12cm×8cm、高さ20cmの容器の体積は"+str(v1)+"cm3")
v2 = volume(18, 6, 15)
print("底辺18cm×6cm、高さ15cmの容器の体積は"+str(v2)+"cm3")
```

def volume(a, b, c):	volume()という関数を定義する
v = a * b * c	3つの引数を掛けた値をvに代入
return v	vの値を返す
v1 = volume(12, 8, 20)	関数で計算した値(戻り値)をv1に代入
print("底辺12cm×8cm、高さ20cmの容器の体積は"+str(v1)+"cm3")	print()で直方体の体積の文字列を出力
v2 = volume(18, 6, 15)	関数で計算した値(戻り値)をv2に代入
print("底辺18cm×6cm、高さ15cmの容器の体積は"+str(v2)+"cm3")	print()で直方体の体積の文字列を出力

このプログラムを実行すると、図4-3-7のように出力されます。

図4-3-7　実行結果

```
底辺12cm×8cm、高さ20cmの容器の体積は1920cm3
底辺18cm×6cm、高さ15cmの容器の体積は1620cm3
```

1～3行目で定義したvolume()関数は、引数で3つの辺の長さを受け取り、体積を計算し、戻り値として返します。

5行目と7行目でこの関数を呼び出しています。変数v1とv2には関数の戻り値（体積）が代入され、その値をprint()命令で出力しています。

MEMO

このプログラムでは、変数の値をformat()命令でなく、str()命令で文字列に変換して出力しています。数値の入った変数の値を文字列とつなぎたいときには "文字列"+str(変数) とします。

関数の利点

list0403_3.pyのvolume()関数のように必要な計算を関数で定義しておけば、その計算を複数個所で行うとき、同じ記述をあちこちにしなくて済みます。

関数を用意せず同じ処理をいくつも記述するのは無駄ですし、もし何カ所かに書いたうちの1つでも書き間違えると、正しく動作しないプログラムになってしまいます。

volume()は3つの引数を掛け合わせた値を返すだけの簡単な関数ですが、複雑な計算をするなら関数として定義しておくと、便利であることがおわかりいただけると思います。

変数の通用範囲を知る

関数と共に覚えるべき知識として**変数の通用範囲**があります。変数は宣言した位置によって、扱える範囲が決まってきます。

プログラムを確認した後に詳しく説明します。

次のプログラムを入力して、ファイル名を付けて保存します。

リスト▶ list0403_4.py

```
1 atai = 0                          ataiという変数を宣言し初期値0を代入
2 def kasan(e):                     kasan()という関数を定義する
3     global atai                   ataiをグローバル変数として扱うと宣言
4     for i in range(1, e+1):       繰り返し iは1からeまで1ずつ増える
5         atai = atai + i           ataiにiの値を足す
6
7 print(atai)                       ataiの値を出力
8 kasan(10)                         kasan()関数を引数10で実行する
9 print(atai)                       ataiの値を出力
```

このプログラムを実行すると、図4-3-8のように2つの数値が出力されます。

図4-3-8 実行結果

```
0
55
```

このプログラムでは2〜5行目で定義した関数の外側（1行目）でataiという変数を宣言しています。関数の外側で宣言した変数の値を関数内で変更するには、3行目のようにその関数のブロックでglobal変数名と記述します。

kasan()関数は、for文で1から引数の値までを足し合わせてataiに代入します。7行目で出力したときにはataiに0が入っていますが、8行目でkasan()関数を実行すると、ataiには1+2+3+4+5+6+7+8+9+10の55が代入されます。

関数の外側で宣言した変数を**グローバル変数**、関数内で宣言した変数を**ローカル変数**といいます。**Pythonではグローバル変数の値を関数内で変更する場合は、global宣言する決まり**があります。

変数の通用範囲を**スコープ**といいます。グローバル変数とローカル変数のスコープを図示すると、次ページの図4-3-9のようになります。

図4-3-9　変数の通用範囲（スコープ）

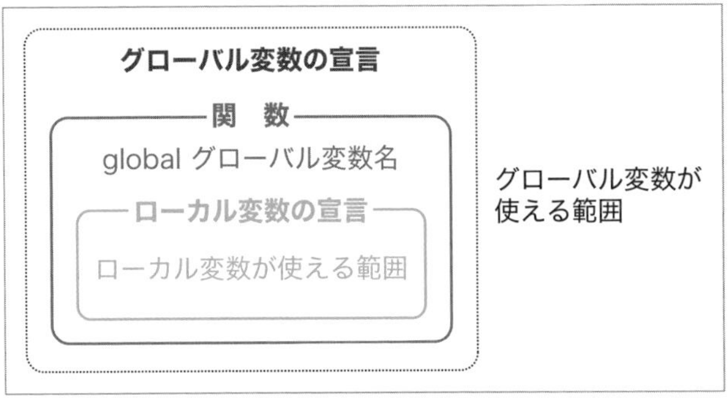

さて、関数は少し難解な概念ですし、変数のスコープも初めは難しいものです。すべてをすぐに理解しようと焦ることはありません。この先でも色々な関数を記述するので、その過程で復習しながら身に付けていきましょう。

またスコープは重要な知識なので、この先でもう一度、説明します。

mini column

すでに関数を使っていた！？

みなさん、お気づきでしょうか？
第４章で関数を学ぶ前から、実は関数を使っているのです。

- print() 引数の文字列を出力する関数
- input() 入力を受け付け、それを戻り値で返す関数
- str() 引数の変数の値を文字列に変換して返す関数
- range() 引数の初めの数から終わりの数までの範囲を返す関数

そうです！　これらの命令はすべて関数なのです。
print() や input() などは Python に初めから備わった関数であり、みなさんは、ここで**新たな関数を自分で作る知識を学んだ**のです。

4-3のポイント

- 関数は、引数で受け取ったデータを関数内で加工し、戻り値として返すことができる。
- 一定の処理を関数として定義すれば、わかりやすく無駄のないプログラムになる。
- 変数はグローバル変数とローカル変数があり、使える範囲（スコープ）が決まっている。

Section 4-4

リストを理解する

リストとは、複数のデータ（数値や文字列）をまとめて管理するために用意する箱のことです。リストを使用するとデータを効率よく扱うことができます。

リストとは

変数に番号を割り振ってデータを管理するものがリストです。イメージで表すと、図4-4-1のようになります。

この図では、aryという名前の箱がn個あります。aryがリストです。

図4-4-1　リストのイメージ

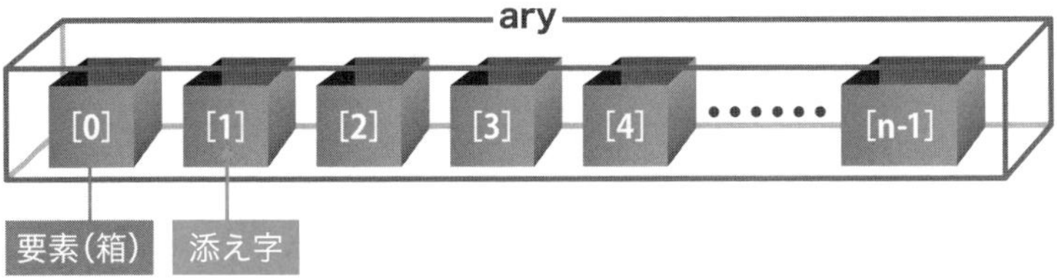

箱の1つひとつを**要素**といい、箱がいくつあるかを**要素数**といいます。例えばaryと名の付いた箱が10個あれば、要素数は10になります。

箱の番号を管理する数値を**添え字**（インデックス）といいます。添え字は0から始まり、n個の箱があるなら最後の添え字はn-1になります。

リストは変数と同様に、データ（数値や文字列）を出し入れして使います。

MEMO

Pythonのリストとは C言語やJavaの配列に近いものです。Pythonのリストは、後からデータを追加、削除するなど、一般的な配列より柔軟にデータを扱うことができます。

リストの宣言

次の書式でリストを宣言して、データを代入します。こう記述した時点からリスト名[0]、リスト名[1]、リスト名[2] …という箱が使えるようになります。

図4-4-2 リストの初期化

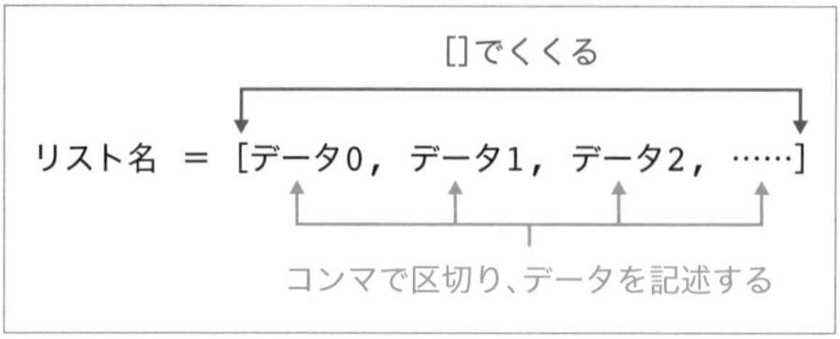

リストで文字列を扱う

文字列を扱うリストを確認します。

次のプログラムを入力して、ファイル名を付けて保存します。

リスト▶ list0404_1.py

	コード	説明
1	`company = ["緑山製菓", "帝都運送", "ヤマト通販"]`	companyというリストを宣言し文字列を代入
2	`print(company[0])`	company[0]の値を出力
3	`print(company[1])`	company[1]の値を出力
4	`print(company[2])`	company[2]の値を出力

このプログラムを実行すると、図4-4-3のように1行目でリストに代入した3つの社名が出力されます。

図4-4-3 実行結果

```
緑山製菓
帝都運送
ヤマト通販
```

company[0]、company[1]、company[2]には、それぞれ1行目に記述した文字列が入っていることがわかります。

リストで数値を扱う

次は数値を扱うリストを確認します。ここで紹介するのは、ある中小企業の四半期ごとの売上をリストで定義して、そのデータを出力し、年間の総売上を計算するプログラムです。

次のプログラムを入力して、ファイル名を付けて保存します。

リスト▶ list0404_2.py

1	`sales = [6563200, 7420508, 8801153, 5080912]`	salesというリストを宣言し数値を代入
2	`total = 0`	totalという変数を初期値0で宣言
3	`for i in range(4):`	繰り返し iは0から3まで1ずつ増える
4	`    print(sales[i])`	sales[i]の値を出力
5	`    total = total + sales[i]`	totalにsales[i]の値を加える
6	`print("売り上げ合計額")`	「売り上げ合計額」と出力
7	`print(total)`	totalの値を出力

このプログラムを実行すると、図4-4-4のように出力されます。

図4-4-4 実行結果

```
6563200
7420508
8801153
5080912
売り上げ合計額
27865773
```

3～5行目のfor文で、1行目で定義したリストのデータを出力し、その値を足して合計額を計算しています。

MEMO

リストのデータはfor文で扱うことが多いので、リストとforをセットで使う基本を頭に入れておきましょう。

append()とsort()を使う

Pythonにはリストを操作するための命令が備わっています。それらの命令の中で、使う機会の多い2つを紹介します。

append()は、リストにデータを追加する命令です。
次のプログラムを入力して、ファイル名を付けて保存します。

リスト▶ list0404_3.py

1	`stationery = ["鉛筆", "消しゴム", "定規"]`	stationeryというリストを宣言しデータを代入
2	`print(stationery)`	stationeryの中身を出力
3	`stationery.append("メモ帳")`	append()命令で新たなデータを追加
4	`print(stationery)`	stationeryの中身を出力

このプログラムを実行すると、図4-4-5のように出力されます。

図4-4-5 実行結果

```
['鉛筆', '消しゴム', '定規']
['鉛筆', '消しゴム', '定規', 'メモ帳']
```

3行目のappend()命令で、stationeryというリストに新たなデータが追加されたことがわかります。

sort()はリストのデータを順に並べ替える命令です。並び替えることを**ソートする**といいます。
次のプログラムを入力して、ファイル名を付けて保存します。

リスト▶ list0404_4.py

`val = [100, 0, -1, 6, 5.7, 88, -0.1]`	valというリストを宣言しデータを代入
`print(val)`	valの中身を出力
`val.sort()`	sort()命令でデータを並び替える
`print(val)`	valの中身を出力

このプログラムを実行すると、図4-4-6のように出力されます。

図4-4-6　実行結果

```
[100, 0, -1, 6, 5.7, 88, -0.1]
[-1, -0.1, 0, 5.7, 6, 88, 100]
```

3行目のsort()命令でデータが順に並び替えられたことがわかります。

タプルについて

リストの仲間に**タプル**というものがあり、タプルは ( ) で記述します。

例：season = ("第一四半期", "第二四半期", "第三四半期", "第四四半期")

タプルは、宣言時に代入した値を変更できません。本書ではプログラミング初心者が理解しやすいように、リストとタプルを使い分けることはしません。この先も複数のデータを扱うときは、リスト[]で記述します。

MEMO

list0404_1.py～list0404_4.pyで学んだリストは**一次元のリスト**です。ソフトウェア開発では、**二次元リスト**を扱うことがよくあります。次の**4-5**「二次元リストを理解する」で説明します。

4-4のポイント

- 複数のデータ（数値や文字列）を扱うために用いる、番号を付けた箱をリストという。
- リストはfor文で扱う機会が多い。
- append()命令でリストに新たなデータを追加できる。
また、sort()でデータを並び替えできる。

Section 4-5 二次元リストを理解する

二次元リストとは、横方向と縦方向に添え字を使用してデータを管理するリストのことです。二次元リストを理解すると、扱えるデータの幅が広がります。

二次元リストのイメージ

二次元リストをイメージで表します。横方向をx、縦方向をyとすると、各要素の添え字は図4-5-1のようになります。

図4-5-1　二次元リストのイメージ

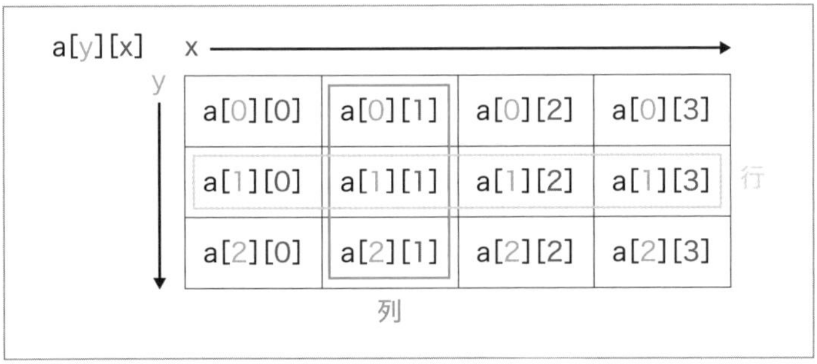

例えば、右下角のa[2][3]に10を代入する場合には、**a[2][3] = 10**と記述します。

二次元リストの宣言

図4-5-2の書式で二次元リストを宣言して、データを代入します。

図4-5-2　二次元リストの初期化

```
ary = [ ← 始まりの [
␣␣␣␣[ 0,  1,  2,  3], ← 各行を [〜], で記述する
␣␣␣␣[10, 20, 30, 40],
␣␣␣␣[77, 88, 99, -1]  ← 最後の行の ] の後にコンマは不要
] ← 終わりの ]
```

二次元リストを用いたプログラム

二次元リストでデータを定義したプログラムを確認します。

次のプログラムを入力して、ファイル名を付けて保存します。

リスト▶ list0405_1.py

```
1 ary = [                       aryという名前の二次元リストを宣言
2     [ 0,  1,  2,  3],         二次元リストのデータ
3     [10, 20, 30, 40],         〃
4     [77, 88, 99, -1]          〃
5 ]
6 print(ary[0][0])              ary[0][0]の値を出力
7 print(ary[1][2])              ary[1][2]の値を出力
8 print(ary[2][3])              ary[2][3]の値を出力
```

このプログラムを実行すると、図4-5-3のように出力されます。

図4-5-3 実行結果

```
0
30
-1
```

1～5行目で二次元リストを宣言しデータを代入しています。6～8行目でデータの値を出力しています。

プログラム自体は難しいものではありませんが、初めのうちはary[y][x]のyとxの値がいくつの箱に、どのデータが入っているか、つかみにくいかもしれません。図4-5-1を確認して、添え字の番号がどの箱を指しているかを理解できるようにしましょう。

append()で二次元リストを用意する

二次元リストの準備はデータ数が少なければ、ここで学んだ書式がわかりやすくて便利です。しかし多くのデータを扱う場合、図4-5-2のように記述するとプログラムが長くなってしまいます。

そのようなときは、append()命令を使って二次元リストを用意します。

append()命令ではデータのまとまり（一次元リスト）も追加できます。その仕組みを使って、二次元リストを用意するプログラムを紹介します。

次のプログラムを入力して、ファイル名を付けて保存します。

リスト▶ list0405_2.py

```
1  ary = []
2  for i in range(7):
3      ary.append([0, 0, 0, 0, 0])
4  print(ary)
5  print("------------")
6  ary[3][2] = 1
7  print(ary)
```

1	aryという空のリストを宣言する
2	繰り返し iは0から6まで1ずつ増える
3	aryに[0, 0, 0, 0, 0]を追加
4	aryの中身を出力
5	区切りの線を出力
6	ary[3][2]に1を代入
7	aryの中身を出力

このプログラムを実行すると、図4-5-4のように出力されます。

出力結果が見やすいように、シェルウィンドウを横に広げています。

図4-5-4 実行結果

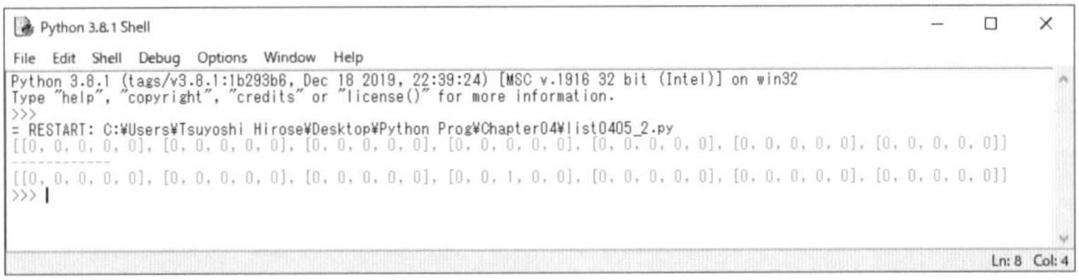

1行目で空のリストaryを宣言します。この時点では、リストにデータは何も入っていません。

2～3行目のfor文でappend()命令を使い、aryに[0, 0, 0, 0, 0]というデータを追加します。こうすることで、aryは7行×5列の二次元リストになります。

4行目でaryの中身を出力しています。

図4-5-4では、[[0, 0, 0, 0, 0], …, …, …, …, …, [0, 0, 0, 0, 0]]と1行になっていますが、これは

```
[
    [0, 0, 0, 0, 0],
    [0, 0, 0, 0, 0],
    [0, 0, 0, 0, 0],
    [0, 0, 0, 0, 0],
    [0, 0, 0, 0, 0],
```

```
    [0, 0, 0, 0, 0],
    [0, 0, 0, 0, 0]
]
```

のように、すべての箱に0が入った二次元リストを用意し、6行目で35個ある箱のちょうど真ん中の位置に1を代入しています。

7行目で再度出力したaryの中身は、

```
[
    [0, 0, 0, 0, 0],
    [0, 0, 0, 0, 0],
    [0, 0, 0, 0, 0],
    [0, 0, 1, 0, 0],
    [0, 0, 0, 0, 0],
    [0, 0, 0, 0, 0],
    [0, 0, 0, 0, 0]
]
```

となっています。

プログラミング初心者の方は、一読しただけで二次元リストを理解することは難しいと思います。**append()命令でリストにリストを追加する方法**もすぐに理解できなくて大丈夫です。

この項の内容が難しい方は、このページに付箋を貼って先へ進み、後で復習しましょう。

4-5のポイント

- 二次元リストは、横方向と縦方向に添え字を用いて、リスト名[y][x]と記述する。
- for文とappend()命令で二次元リストを用意できる。

Section 4-6

日時の取得

日時の扱い方を知っておくと、ビジネスアプリを開発するときなどに役に立ちます。Pythonは簡単な記述で日時を扱うことができます。今すぐに日時を扱う必要のない方も、気楽に読み進めていきましょう。

日付を出力する

日時を扱うには、**デイトタイム（datetime）モジュール**をインポートします。まず日付を出力してみます。**date.today()**命令でプログラムを実行したときの日付を取得できます。

次のプログラムを入力して、ファイル名を付けて保存します。

リスト▶ list0406_1.py

```
import datetime                         datetimeモジュールをインポート
print(datetime.date.today())            プログラム実行時の日付を出力
```

このプログラムを実行すると、その時点の日付が出力されます。

図4-6-1 実行結果

```
2020-02-26
>>>
```

時刻を出力する

次は、**datetime.now()**命令で実行時の日付と時刻を取得します。

次のプログラムを入力して、ファイル名を付けて保存します。

リスト▶ list0406_2.py

```
import datetime                         datetimeモジュールをインポート
print(datetime.datetime.now())          プログラム実行時の日付と時間を出力
```

このプログラムは、実行時の日付と時間が出力されます。秒数には、小数点以下の値が含まれます。

図4-6-2　実行結果

```
2020-02-26 10:50:18.356269
>>>
```

続いて、この値から時／分／秒を取り出します。

次のプログラムを入力して、ファイル名を付けて保存します。

リスト▶　list0406_3.py

1	`import datetime`	datetimeモジュールをインポート
2	`d = datetime.datetime.now()`	プログラム実行時の日時を変数dに代入
3	`print(d.hour)`	時を出力
4	`print(d.minute)`	分を出力
5	`print(d.second)`	秒を出力

このプログラムを実行すると、実行時の時／分／秒が出力されます。

図4-6-3　実行結果

```
10
52
25
>>>
```

日時のデータを取得した変数に、3～5行目のようにd.hour、d.minute、d.secondと記述すると、時／分／秒を取り出せます。d.secondの秒数には小数点以下は含まれません。

西暦の年／月／日を取り出すこともでき、それぞれd.year、d.month、d.dayと記述します。

datetimeモジュールとtimeモジュール

ここでは、datetimeモジュールを利用して日時を扱う方法を学びました。Pythonでは他に**timeモジュール**で現在の日時を取得できます。timeモジュールの使い方は、第7章で説明します。

datetimeモジュールは日時の計算など複雑な処理（次ページの**mini colunm**を参照）、timeモジュールは手軽に時間を扱うときに使用すると考えておけばよいでしょう。

MEMO

Pythonにはここで紹介した以外にも日時関連の命令がたくさんあります。また第2章で扱ったカレンダー関連の命令も実はたくさんあります。
興味を持たれた方は「Python datetime」や「Python calendar」などで検索すると、命令の使い方を紹介するサイトが見つかります。

mini column

生まれてから何日経った？

ある日付からある日付まで何日経過したかを簡単なプログラムで知ることができます。次のプログラムで、みなさんが生まれてからの日数を出力してみましょう。3行目はご自分の生年月日を指定してください。

リスト▶ list0406_mc.py

1	`import datetime`	datetimeモジュールをインポート
2	`today = datetime.date.today()`	変数todayに実行時の年月日データを代入
3	`birth = datetime.date(1971, 2, 2)`	変数birthに誕生日の年月日データを代入
4	`print(today-birth)`	2つのデータの引き算で経過日数を求めて出力

このプログラムを実行すると、birthの日付から本日まで何日経過したかが出力されます。

図4-6-4 実行結果

```
17921 days, 0:00:00
>>>
```

Pythonでは日付データの引き算ができ、簡単に経過日数を求めることができます。日付同士の引き算なので、時間のところは0:00:00となります。

Section 4-7 ファイル操作

ファイル操作とは、プログラムでファイルを開き、そこに書かれた内容を読み込んだり、新たなデータを書き込むことを指します。ファイル操作は、ビジネスアプリ開発で必須となる知識です。Pythonでのファイル操作を説明します。

ファイル操作の基本

ファイルの読み書きを行うには、**open()**という命令でファイルを開きます。ファイル操作をイメージで表すと、図4-7-1のようになります。

図4-7-1 ファイル操作

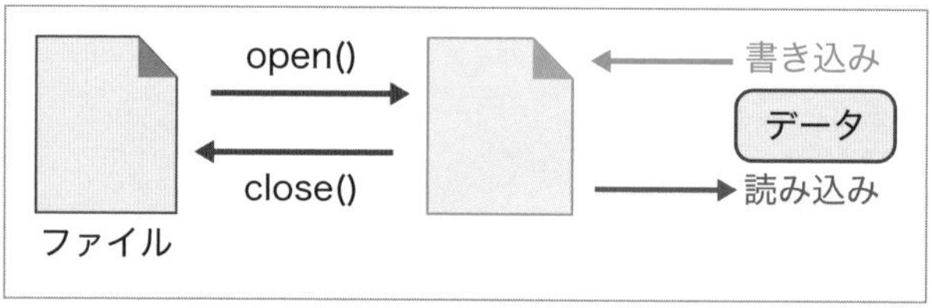

open()命令は、open(ファイル名, **w**もしくは**r**)と引数を記述して実行します。書き込むために開くときはwriteの頭文字の**w**、読み込むために開くときはreadの**r**を、2つ目の引数に記述します。

rとw以外に、既存のファイルに追加で書き込む**a**、バイナリファイルを開く**b**という指定があります。

MEMO

バイナリファイルとは、テキスト形式以外の文書ファイル（PDFなど）や画像ファイル、音楽ファイルなどの中身の形式のことで、エディタで開くと、私たち人間には理解できない記号が羅列されています。バイナリファイルは人間が判読できない記号の1つひとつが、コンピュータにとって意味のあるものになっています。

開いたファイルの処理が終わったら、**close()**命令で閉じます。閉じ忘れるとファイルが扱えなくなることがあるので、注意が必要です。

Pythonには、ファイルの閉じ忘れが起きない**with open() as**という記述の仕方があります。ここでは、open()とclose()を使用したファイル操作の基本を学んだ後に、withを使って記述したプログラムを確認します。

ファイルに文字列を書き込む

ファイルに文字列を書き込むプログラムを確認します。

次のプログラムを入力して、ファイル名を付けて保存します。

リスト▶ list0407_1.py

```
1 f = open("test.txt", 'w')            書き込みモード(w)でファイルを開く
2 for i in range(10):                  繰り返し iは0から9まで1ずつ増える
3     f.write("line "+str(i)+"¥n")     ファイルに文字列を書き込む
4 f.close()                            ファイルを閉じる
```

実行すると、プログラムと同じフォルダにtest.txtというファイルが作られます。test.txtを開くと、図4-7-2のように文字列が書き込まれています。

図4-7-2 実行結果作られたtest.txtの中身

ファイル操作を行うには、1行目のように**ファイルを開く変数名 = open(ファイル名, 読み書きモード)**と記述します。

3行目の**write()**がファイルに文字列を書き込む命令で、ファイルを開いた変数.write(文字列)と記述します。このプログラムでは、for文で10行分の文字列を書き込んでいます。

write()の引数に記述した¥nは、文字列を改行するためのコードです。

ファイルから文字列を読み込む

次にファイルから文字列を読み込むプログラムを確認します。プログラムの実行前にtest2.txtというファイルを作り、そこに何か文字列を書き込んでください。2行以上書いておき、複数行の文字列を読み込むことを確認します。

test2.txt の中身の例

打ち合わせの予定
4月1日 13時 本社ビル
4月3日 10時 新宿支店
4月7日 14時 埼玉工場

次のプログラムを入力し実行してください。test2.txtは、プログラムと同じフォルダ内に配置します。

リスト▶ list0407_2.py

1	`f = open("test2.txt", 'r', encoding="utf-8")`	読み込みモード(r)でファイルを開く
2	`r = f.read()`	変数rにファイル内の文字列をすべて読み込む
3	`f.close()`	ファイルを閉じる
4	`print(r)`	rの中身を出力

実行すると、test2.txtに書かれた文字列が読み込まれ、図4-7-3のようにシェルウィンドウに出力されます。

図4-7-3 実行結果

```
打ち合わせの予定
4月1日 13時 本社ビル
4月3日 10時 新宿支店
4月7日 14時 埼玉工場
```

1行目の引数にencoding="utf-8"という記述があります。**パソコンやテキストエディタによってファイルの保存形式が違うため、この記述を入れないとファイルによっては読み込みに失敗し、エラーになることがあります。**

2行目の**read()**がファイル全体を読み込む命令です。変数rにファイルの中身を読み込み、4行目でそれを出力しています。

ファイルの各行をリストに代入する

list0407_2.pyのプログラムでファイルを読み込めることがわかりましたが、このままではデータが扱いにくいので、リストに1行ずつ代入するプログラムを用意しました。

次のプログラムを入力して、実行してください。test2.txtはプログラムと同じフォルダ内に配置します。

リスト▶ list0407_3.py

1	`f = open("test2.txt", 'r', encoding="utf-8")`	読み込みモード(r)でファイルを開く
2	`r = f.read()`	変数rにファイル内の文字列をすべて読み込む
3	`f.close()`	ファイルを閉じる
4	`txt = r.split("¥n")`	改行コードの位置で切り離し、リストに代入
5	`print(txt)`	リストの中身を出力する

このプログラムはtest2.txtに書かれた文字列を読み込み、txtというリストに1行ずつ代入して、図4-7-4のようにリストの中身をシェルウィンドウに出力します。

図4-7-4 実行結果

```
['打ち合わせの予定', '4月1日 13時 本社ビル', '4月3日 10時 新宿支店', '4月7日 14時 埼玉工場']
```

split()は引数で指定した文字の位置で、文字列を切り分ける命令です。

4行目の記述で読み込んだtest2.txtの中身が改行コード(¥n)の位置で切り離され、txt[0]、txt[1]、txt[2]、…というリストに代入されます。

また**list()**という命令を使うと、ファイル内の文字列をリストに直接、代入できます。

次ページのプログラムを入力して、ファイル名を付けて保存します。

リスト▶ list0407_4.py

```
f = open("test2.txt", 'r',          読み込みモード(r)でファイルを開く
encoding="utf-8")
txt = list(f)                       txtにファイルの文字列をリストとして読み込む
f.close()                           ファイルを閉じる
print(txt)                          リストの中身を出力する
```

実行すると、図4-7-5のように出力されます。

図4-7-5　実行結果

```
['打ち合わせの予定¥n', '4月1日 13時 本社ビル¥n', '4月3日 10時 新宿支店¥n', '4月7日 14時 埼玉工場']
```

図4-7-5と図4-7-4を見比べるとわかるように、list()命令では改行コード(¥n)がデータに入ります。扱うデータによっては、改行コードはじゃまになるので注意が必要です。

MEMO

ファイルを読み込む命令には他に、1行ずつ読み込むreadline()、すべての行を一度に読む込むreadlines()があります。

with open() asで記述する

ここまで見てきたlist0407_1.py～list0407_4.pyのプログラムは、初心者が理解しやすいように簡潔に記述しているので、ファイル操作中にエラー(例外)が起きたときの対策を行っていません。

しかし実際のソフトウェア開発では、プログラム実行中にエラーが発生する恐れがある場合には、**例外処理**(try-catch-finally)を用いてエラー対策を行います。例外処理は、224ページで説明します。

ファイル操作ではエラーが発生する可能性が高いので、本来であれば例外処理をして、しっかりとしたプログラムを書くべきです。そのためには、少し複雑な記述をする必要があるのですが、Pythonではwith open() asを使って簡潔に記述できます。

この書式でファイルを読み書きすれば、エラーが発生してもファイルが自動的に閉じられるので、閉じ忘れの心配がありません。

with open() asの記述の仕方を確認します。
次のプログラムを入力して、ファイル名を付けて保存します。

リスト▶ list0407_5.py

```
with open("test2.txt", 'r', encoding="utf-8") as f:    with openでファイルを開く
    r = f.read()                                        rにファイルの中身を読み込む
    print(r)                                            rの値を出力
```

このプログラムを実行すると、図4-7-6のように出力されます。

図4-7-6 実行結果

```
打ち合わせの予定
4月1日 13時 本社ビル
4月3日 10時 新宿支店
4月7日 14時 埼玉工場
```

「**with open(ファイル名, 読み書きモード) as ファイルを読み込む変数**」という記述を覚えておくと、便利に使うことができます。

MEMO

第3～4章で学んだ内容は、多くのプログラミング言語に共通する基礎知識です。
Pythonを習得した後に、新たなプログラミング言語に挑戦したい方にも役立つ知識になります。

mini column

ファイル操作の重要性

第4章ではファイル操作の基礎としてテキストデータを扱う方法を学びました。第9章ではエクセルファイルを扱う方法を学びます。そこまで進んでいくと、みなさんはファイル操作の高度な知識を身に付けることができます。

業務の効率化、自動化を行うソフトウェアを開発するとき、ファイル操作の知識が役に立ちます。

ファイル操作ができれば、例えばエクセルファイルに書かれた一ヶ月分の出勤時間と退勤時間のデータから、一日当たりの勤務時間を計算し、その時間の一覧と一ヶ月の合計勤務時間をテキストデータに書き出して保存するということができます。

ファイルに書き出したデータは便利に使えます。例えば印刷してデータに目を通したり、コピペして利用できます。もちろんコンピュータの画面上でも確認できますが、例えば会議で使うレジュメに数値を載せたいときなど、コピペして使えるデータが何かと役に立ちます。

Column　CUIでミニゲームを作ろう！

CUIとは**キャラクタ・ユーザ・インタフェース**（character user interface）の略で、文字の入出力だけでコンピュータを操作することを意味します。

PythonのシェルウィンドウはCUIです。みなさんは第2～4章で、CUI上でプログラムを実行することを学んできました。

ここまで色々な知識を学び、少しお疲れの方もいらっしゃるでしょうか。この**Column**では息抜きを兼ねて、CUIで遊ぶミニゲームのプログラムを紹介します。

次のプログラムは1～10のいずれかの数を当てるゲームです。Pythonが最初にランダムな数字を決めるので、それをなるべく短い回数で当てましょう。

このプログラムは**ランダム（random）モジュールを用いて乱数を発生**させています。乱数の扱い方については、実行確認後に説明します。

リスト▶ list04_column.py

```
import random
n = 0
q = random.randint(1, 10)
print("1～10の数字を当てるゲームです")
while True:
    n = n + 1
    s = input("数を入力してください")
    a = int(s)
    if q == a:
        print(str(n)+"回目で正解です！")
        break
    if q > a:
        print("それより大きい数です")
    else:
        print("それより小さい数です")
```

import random	randomモジュールをインポート
n = 0	正解するまでの回数を数えるための変数
q = random.randint(1, 10)	変数qに1から10のいずれかの数(乱数)を代入
print("1～10の数字を当てるゲームです")	ゲーム説明を出力
while True:	無限ループ
n = n + 1	正解までの回数を数える
s = input("数を入力してください")	変数sに答えを入力
a = int(s)	sの値(文字列)を整数にして変数aに代入
if q == a:	qの値とaの値が一致したら
print(str(n)+"回目で正解です！")	正解までの回数を出力し
break	whileの繰り返しを抜ける
if q > a:	qの値がaより大きければ
print("それより大きい数です")	ヒントを出力
else:	そうでなければ
print("それより小さい数です")	ヒントを出力

次ページへ続く

Pythonからのヒントを頼りに、なるべく少ない回数で数を当ててください。

図4-C-1　実行画面

```
1～10の数字を当てるゲームです
数を入力してください5
それより大きい数です
数を入力してください
```

Pythonで乱数を発生させるには、1行目のようにrandomモジュールをインポートします。乱数を発生させる命令がいくつかあるので、その中から必要な命令を用いて変数に乱数を代入するなどします。

乱数を扱う主な命令を表にまとめます。

表4-C-1　乱数を扱う命令

	記述例	意味
小数の乱数	r = random.random()	rに0以上1未満の小数が代入される
整数の乱数	r = random.randint(1, 10)	rに1から10のいずれかが代入される
整数の乱数2	r = random.randrange(10, 20, 2)[※1]	rに10、12、14、16、18のいずれかが代入される
複数の項目からランダムに選ぶ	r = random.choice([11, 22, 33])[※2]	rに11、22、33のいずれかが代入される

※1 randrange(start, stop, step)で発生させる乱数は、startからstop未満の範囲です。stopの値は入りません。
※2 choice(["グー", "チョキ", "パー"])のように、文字列を記述することもできます。

Chapter 5

GUIの基礎知識

ビジネスアプリケーションの開発では、GUIの知識が欠かせません。この章ではGUIとはどのようなものかを説明して、ウィンドウを表示するプログラムを確認し、テキストの表示やボタンを配置する方法までを学びます。

Section 5-1

GUIとは？

GUIを扱う技術を習得すると、さまざまなソフトウェアを開発するときに役立ちます。最初に、GUIとはどのようなものかについて説明します。

GUIとCUI

GUI（ジーユーアイ）とは、グラフィカル・ユーザ・インタフェース（Graphical User Interface）の略で、コンピュータの画面にボタンやテキスト入力欄などが配置された操作系を指す言葉です。GUIでは、マウス操作やタップ入力で項目を選んだりボタンを押したり、文字入力が必要なときはキーボードやソフトウェアキーボード（画面に表示されるキーボード）から数値や文字列を打ち込みます。

パソコン用ソフトの多くやスマートフォン用アプリの操作系がGUIです。

これに対して、文字の入出力だけでコンピュータを操作することを意味する言葉がCUI（シーユーアイ）です。Pythonのシェルウィンドウは CUIに当たります。

CUIは第4章の**Column**（129ページ）で説明しているので、そちらを参照してください。

図5-1-1　GUIとCUIのイメージ

GUI

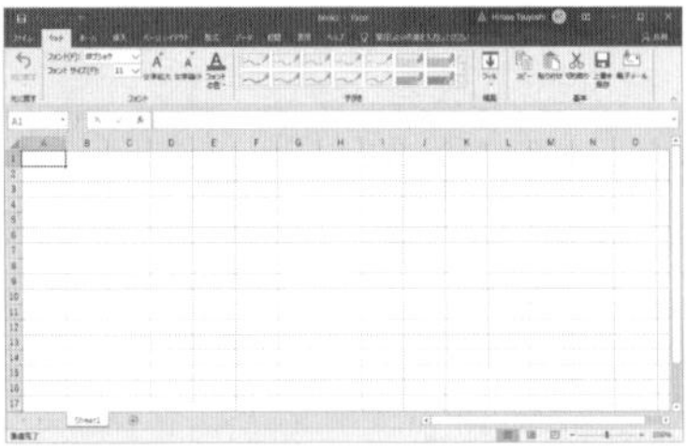

CUI

GUIのソフトウェア

GUIで画面が構成されたソフトウェアには、メニューバーに「ファイル」や「ヘルプ」などの文字が並んでいます。

また、例えば文書作成ソフトには、フォントを指定するためのドロップダウンリストやアイコンなどがあり、インターネットを閲覧するWebブラウザには、ページを再読み込みするアイコンなどが表示されています。ユーザーはそれらの項目やアイコンをクリックして、ソフトウェアを操作します。

図5-1-2　文書作成ソフト

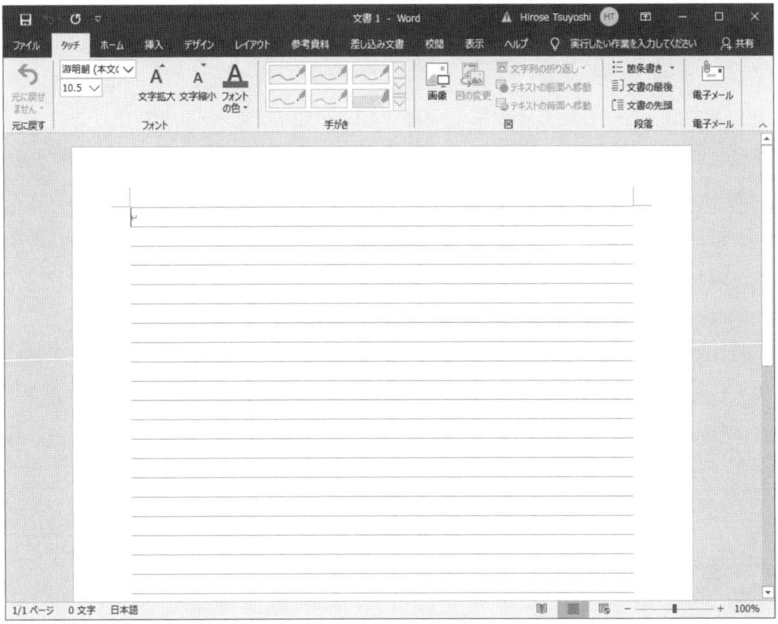

GUIにはアイコン画像が必須というわけではありません。例えば「個数」と書いてある横に四角い枠があれば、そこに数値を入力することは一目瞭然です。またボタンの形状が表示されていれば、そこを押すということもすぐにわかります。

GUIとは、そのような文字や数字の入力欄、ボタンなどを含めた操作系を意味する言葉になります。

GUIは、ユーザーが**直感的に操作しやすい**という優れた点があります。

PythonでGUIを扱う方法を学べば、どこをクリックすべきか、どこに何を入力すべきかなど、操作がわかりやすい画面構成のソフトウェアを作ることができるようになります。

MEMO

パソコンが普及し始めてしばらくの間、多くのパソコンはCUIによる操作が一般的でした。1990年代以降、パソコンはGUIによる操作が中心となりましたが、現在でもWindowsの**コマンドプロンプト**、Macの**ターミナル**、Pythonの**シェルウィンドウ**などの一部のソフトウェアが、CUIで操作するものになっています。

本書の学習方法について

本書では第5〜6章で使用頻度の高いGUIの使い方を一通り学び、ここで習得した知識を用いて、第7〜9章でビジネスアプリケーションを開発します。

PythonのGUIの多くはシンプルな記述で利用できますが、一部、やや込み入った記述が必要なものがあります。難しいと感じるプログラムが出てきても、頭を悩ませず、そう記述すればよいと考えましょう。

GUIの使い方は、大まかに頭に入れておけばよいものです。そしてアプリケーションを開発するとき、第5〜6章のページをめくり、使いたいGUIのプログラムを参照しましょう。そのような方針で進めれば、効率よくストレスもなく、学んでいくことができます。

5-1のポイント

✦ GUIとはウィンドウにボタンやテキスト入力欄などが配置されたインタフェースを意味する。

Section 5-2 ウィンドウを表示する

GUIのアプリケーションを開発するには、まずウィンドウを表示する必要があります。Pythonでは、tkinterモジュールを用いてウィンドウを表示します。

ウィンドウの表示

ウィンドウを表示するプログラムを確認します。

次のプログラムを入力して、ファイル名を付けて保存します。

リスト▶ list0502_1.py

```
1 import tkinter                 tkinterモジュールをインポート
2 root = tkinter.Tk()            ウィンドウの部品を作る
3 root.mainloop()                ウィンドウの処理を開始
```

このプログラムを実行すると、図5-2-1のようなウィンドウが表示されます。

図5-2-1 ウィンドウを表示

2行目のroot = tkinter.**Tk()**という記述でアプリケーションのメインウィンドウを作ります。このような部品のことを**オブジェクト**といいます。このプログラムでは、rootという変数がウィンドウのオブジェクトです。

ウィンドウのオブジェクトは、3行目のようにmainloop()命令を実行して処理を開始する決まりです。

MEMO

Pythonでは、メインウィンドウのオブジェクト名をrootとするのが一般的です。本書でも、rootと記述して説明します。

タイトルとサイズを指定する

ウィンドウのタイトルとサイズを指定するプログラムを確認します。

次のプログラムを入力して、ファイル名を付けて保存します。

リスト▶ list0502_2.py ※ウィンドウのタイトルとサイズの指定が太字

```
1  import tkinter                      tkinterモジュールをインポート
2  root = tkinter.Tk()                 ウィンドウのオブジェクトを作る
3  root.title("ウィンドウのタイトル")    タイトルを指定
4  root.geometry("800x600")            サイズを指定
5  root.mainloop()                     ウィンドウの処理を開始
```

このプログラムを実行すると、図5-2-2のようなタイトルの付いたウィンドウが表示されます。

図5-2-2 タイトルとサイズを指定したウィンドウ

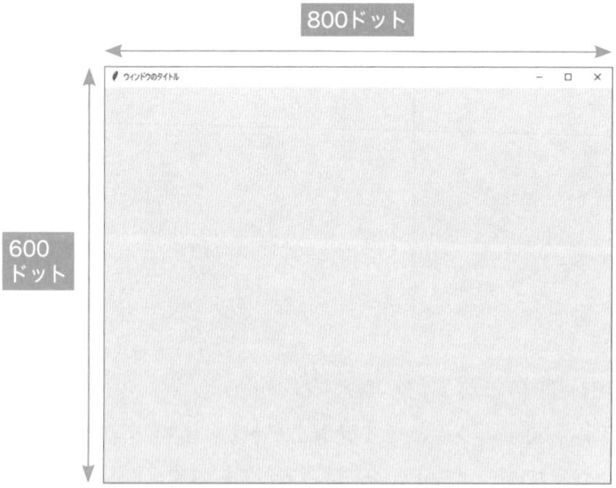

タイトルは**title()**命令の引数で指定します。

ウィンドウの幅と高さは、**geometry()**の引数に**幅x高さ**と記述して指定します。xは半角小文字のエックスです。

ウィンドウサイズはgeometry()の他に、minsize(幅, 高さ)で最小サイズ、maxsize(幅, 高さ)で最大サイズを指定できます。

MEMO

OSの種類やバージョンによってウィンドウ周りの枠の形状が違うため、ウィンドウの大きさは指定サイズから多少ずれることがあります。

5-2のポイント

- Pythonではtkinterモジュールで GUIを扱う。
- root = tkinter.Tk() という記述でメインウィンドウを作り、root.mainloop() でウィンドウの処理を開始する。

Section 5-3 ラベルを配置する

ウィンドウに各種のGUIを配置していきます。手始めに文字列を表示するラベルという部品を配置します。

ラベルの配置

ラベルは**Label()**命令で作り、**place()**命令で配置します。

次のプログラムを入力して、ファイル名を付けて保存します。

リスト▶ list0503_1.py ※ラベルの作成と配置する位置の指定が太字

1	`import tkinter`	tkinterモジュールをインポート
2	`root = tkinter.Tk()`	ウィンドウのオブジェクトを作る
3	`root.title("ラベルの配置")`	ウィンドウのタイトルを指定
4	`root.geometry("600x400")`	ウィンドウのサイズを指定
5	**`la = tkinter.Label(root, text="文字列", font=("System", 24))`**	ラベルの部品を作る
6	**`la.place(x=200, y=100)`**	ウィンドウにラベルを配置
7	`root.mainloop()`	ウィンドウの処理を開始

実行すると、図5-3-1のようにウィンドウ内にラベルが表示されます。

図5-3-1 ラベルの配置

ラベルを作って配置する書式は、次のようになります（5～6行目）。

```
変数 = tkinter.Label(root, text="文字列", font=("フォント名",
フォントサイズ))
変数.place(x=X座標, y=Y座標)
```

Label()の引数のrootは、ウィンドウのオブジェクトです。text=でラベルに表示する文字列を指定します。また、font=でフォントを指定します。

MEMO

Label()を作るとき、bg=背景色やfg=文字の色という引数でラベルの枠内の色と文字の色を指定できます。色の指定は、本章末の**Column**（155ページ参照）で説明します。

ラベルの配置はplace()命令で行います。place()の引数のx=とy=で、ウィンドウ内のどこに配置するかを指定します。

次に、フォントの種類とウィンドウ内の座標について説明します。

Pythonでのフォント指定

ラベルを作るとき、font=でフォントを指定できますが、パソコンによって使えるフォントが違います。みなさんのパソコンで使えるフォントを調べる方法を説明します。

使用できるフォントの種類を調べるには、**tkinter.font.families()**の値をprint()で出力します。

次は、フォントの種類を調べるプログラムです。

リスト▶ list0503_2.py

```
import tkinter
import tkinter.font
root = tkinter.Tk()
print(tkinter.font.
families())
```

import tkinter	tkinterモジュールをインポート
import tkinter.font	tkinter.fontをインポート
root = tkinter.Tk()	ウィンドウのオブジェクトを作る
print(tkinter.font.families())	tkinter.font.families()の値を出力

このプログラムを実行すると、シェルウィンドウに図5-3-2のように出力されます。ただし、パソコンによっては表示されずに、図5-3-3のようにフォントの一覧が表示されます。

図5-3-2 使えるフォントを調べる-1

「Squeezed text(** lines).」をダブルクリックすると、次のようにフォントの一覧が表示されます。

図5-3-3 使えるフォントを調べる-2

ここに記載されたフォント名を指定できます。ただし、理由のない限り**特殊なフォントは指定しない**のが無難です。存在しないフォント名を指定すると、Pythonで決められたフォントが表示されます。

本書ではこれ以降、多くのパソコンで使えるTimes New Romanフォントを用います。

ウィンドウ内の座標について

GUIの部品を配置するときには、ウィンドウ内の座標についての知識が必要です。コンピュータの画面やウィンドウ内の座標は**左上角が原点（0,0）**です。横方向がX軸で、縦方向がY軸です。**Y軸は数学とは逆で下に行くほど値が大きくなります。**

place()命令は、このX座標とY座標の値を指定します。

図5-3-4　コンピュータの座標

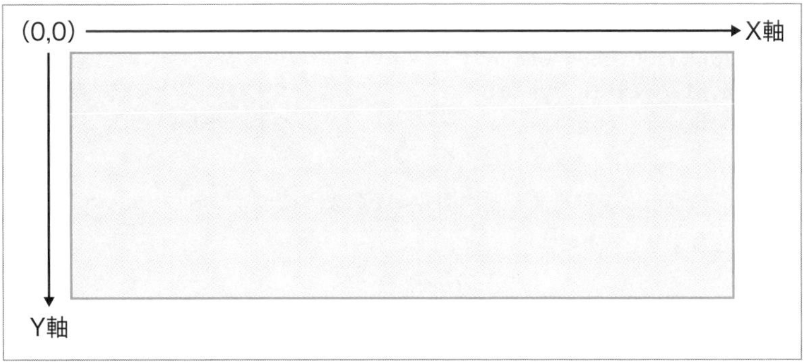

5-3のポイント

- Label()命令でラベルの部品を作り、place()命令でウィンドウに配置する。
- ウィンドウ内の座標は左上角が原点（0,0）、横方向がX軸、縦方向がY軸である。

メッセージを配置する

ラベルの仲間にメッセージという部品があります。メッセージを使用すると、長い文字列を改行して表示できます。ここでは、メッセージの使い方を説明します。

🐍 メッセージの配置

メッセージは**Message()**命令で作ります。

次のプログラムを入力して、ファイル名を付けて保存します。

リスト▶ list0504_1.py ※メッセージの作成と配置する位置の指定が太字

```python
1  import tkinter                              tkinterモジュールをインポート
2  root = tkinter.Tk()                         ウィンドウのオブジェクトを作る
3  root.geometry("400x200")                    ウィンドウのサイズを指定
4  me = tkinter.Message(root, text="           メッセージの部品を作る
   〇〇株式会社に3月発注分のメールを送ること",
   width=200, bg="white")
5  me.place(x=10, y=10)                         ウィンドウにメッセージを配置
6  root.mainloop()                             ウィンドウの処理を開始
```

このプログラムを実行すると、図5-4-1のようにウィンドウ内にメッセージが表示されます。

図5-4-1 メッセージの配置

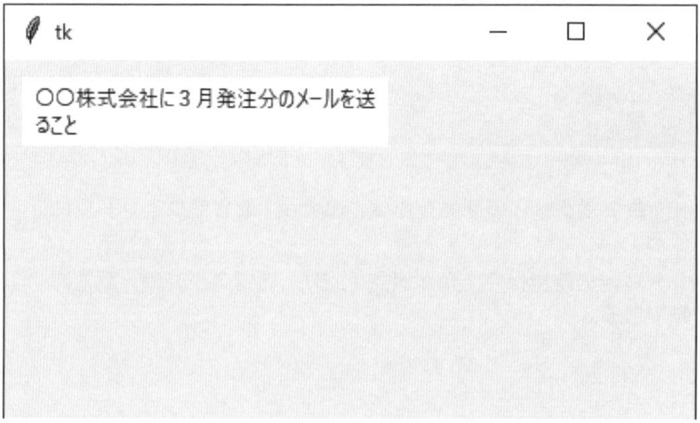

メッセージを作る書式は、次のようになります（4行目）。

```
変数 = tkinter.Message(root, text="文字列", width=幅)
```

text=で文字列、width=で横幅（ドット数）を指定します。また、bg=で背景色を指定できます。ラベルと同じようにfont=でフォントを指定できますが、ここでは省いています。bg=も省略できます。

place()命令での配置はラベルと一緒で、ウィンドウ内の座標を指定します。

エスケープシーケンスで改行する

コンピュータで扱う文字の中には**¥**（半角の¥マーク）あるいは****（バックススラッシュ）と組み合わせて、ある機能や特殊な文字を表現するものがあります。これを**エスケープシーケンス**といい、有名なものとして改行コードの**¥n**があります。

次の表が、よく使われるエスケープシーケンスです。

表5-4-1 エスケープシーケンス

記号	意味
¥n	改行
¥t	タブ
¥¥	文字列で¥を扱うときの記述
¥"	文字列で"を扱うときの記述
¥'	文字列で'を扱うときの記述

MEMO

¥と\は同じもので、Windowsでは主に¥、Macでは\が表示されます。Windowsでもテキストエディタによっては、¥ではなく\で表示されます。

メッセージの文字列を**¥n**で改行できることを確認しましょう。

次のプログラムを入力して、ファイル名を付けて保存します。

リスト▶ list0504_2.py

```
import tkinter                                   tkinterモジュールをインポート
root = tkinter.Tk()                              ウィンドウのオブジェクトを作る
root.geometry("400x200")                         ウィンドウのサイズを指定
me = tkinter.Message(root, text="○○              メッセージの部品を作る
株式会社に¥n3月発注分のメールを¥n送ること",
width=200, bg="white")
me.place(x=10, y=10)                             ウィンドウにメッセージを配置
root.mainloop()                                  ウィンドウの処理を開始
```

このプログラムを実行すると、図5-4-2のように文字列が¥nの位置で改行されます。

図5-4-2 文字列を¥nで改行する

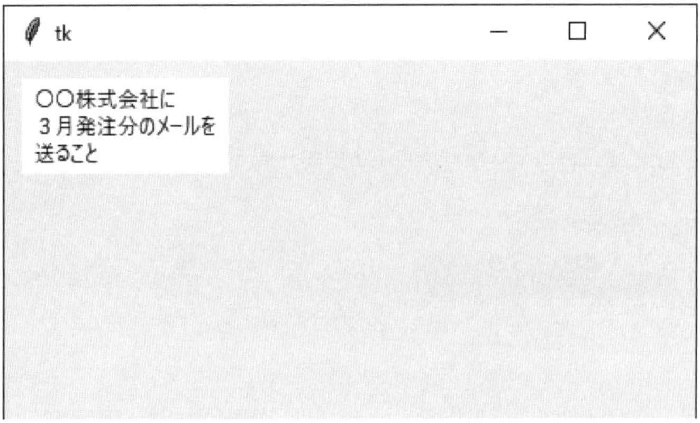

5-4のポイント

- Message()命令で複数行の文字列を表示するメッセージという部品を作る。
- エスケープシーケンスの¥nでメッセージに表示する文字列を改行できる。

ボタンを配置する

ウィンドウにボタンを配置する方法を説明します。ここではウィンドウ上にボタンを置き、次の**5-6**「ボタンをクリックしたときの処理」でクリックしたことを判定する方法を学びます。

ボタンの配置

ボタンは**Button()**命令で作ります。

次のプログラムを入力して、ファイル名を付けて保存します。

リスト▶ list0505_1.py ※ボタンの作成と配置する位置の指定が太字

```
1  import tkinter
2  root = tkinter.Tk()
3  root.geometry("400x200")
4  bu = tkinter.Button(root, text="
   ボタン", font=("Times New Roman",
   16))
5  bu.place(x=20, y=10)
6  root.mainloop()
```

	tkinterモジュールをインポート
	ウィンドウのオブジェクトを作る
	ウィンドウのサイズを指定
	ボタンの部品を作る
	ウィンドウにボタンを配置
	ウィンドウの処理を開始

このプログラムを実行すると、図5-5-1のようにウィンドウ内にボタンが表示されます。ボタンをクリックしても、この段階ではまだ反応しません。

図5-5-1 ボタンの配置

ボタンを作る書式は、次のようになります。これは、ラベルを作る書式と一緒です。

```
変数 = tkinter.Button(root, text="文字列", font=("フォント名", フォントサイズ))
```

ボタンの配置もplace()命令で行います。

複数のボタンを作る

ここまではボタンやラベルなどの部品をウィンドウに1つずつ配置してきましたが、複数のボタンを配置してみます。

次のプログラムを入力して、ファイル名を付けて保存します。

リスト▶ list0505_2.py ※ボタン1とボタン2の作成と各ボタンの位置の指定が太字

`import tkinter`	tkinterモジュールをインポート
`root = tkinter.Tk()`	ウィンドウのオブジェクトを作る
`root.geometry("400x200")`	ウィンドウのサイズを指定
`FNT = ("Times New Roman", 16)`	変数にフォントの指定を代入
`b1 = tkinter.Button(root, text="ボタン 1", font=FNT)`	ボタン1の部品を作る
`b1.place(x=20, y=20)`	ボタン1を配置
`b2 = tkinter.Button(root, text="ボタン 2", font=FNT)`	ボタン2の部品を作る
`b2.place(x=20, y=80)`	ボタン2を配置
`root.mainloop()`	ウィンドウの処理を開始

このプログラムを実行すると、次ページの図5-5-2のようにボタンが2つ表示されます。

図5-5-2　複数のボタンを配置

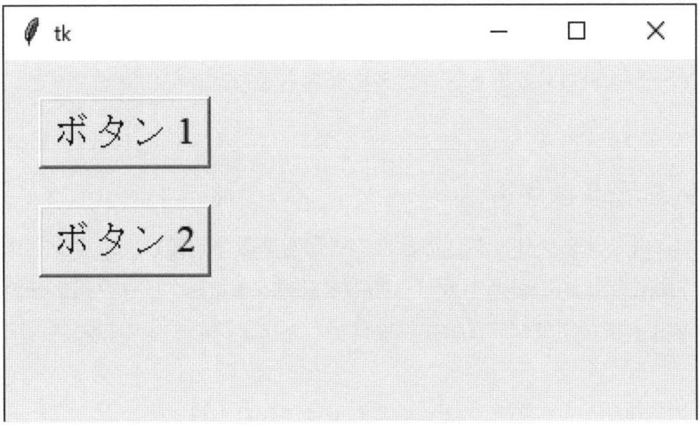

GUIの部品はウィンドウ内にいくつでも配置できます。複数の部品を配置するなら、5行目と7行目のように部品を作るときの変数名を変えます。

また、このプログラムでは5行目と7行目の両方でフォントを指定しています。そのようなときは、4行目のように事前にフォントの種類とサイズを変数に代入し、その変数でフォントを指定すると便利です。フォントを代入する変数名は、他の変数と区別しやすいように大文字にしています。

5-5のポイント

- Button()命令でボタンの部品を作る。
- ウィンドウに複数の部品を配置できる。

ボタンをクリックしたときの処理

Section 5-6

ここでは、ボタンをクリックしたときに反応があるように改良します。

ボタンを反応させる

Pythonではボタンをクリックしたときの処理を関数で定義し、ボタンを作るButton()命令の引数にcommand＝関数と記述すると、クリック時にその関数が実行されます。プログラムの動作を確認した後、改めて説明します。

次のプログラムを入力して、ファイル名を付けて保存します。

リスト▶ list0506.py ※関数の定義と変更するボタンの文字列の指定が太字

```
1   import tkinter                                    tkinterモジュールをインポート
2
3   def btn_on():                                     btn_onという関数を宣言
4       bu["text"] = "クリックしました"                  ボタンの文字列を変更する
5
6   root = tkinter.Tk()                               ウィンドウのオブジェクトを作る
7   root.geometry("400x200")                          ウィンドウのサイズを指定
8   bu = tkinter.Button(root, text="                  ボタンを作るとき、command=で
    ここをクリック", font=("Times New                    クリック時に働く関数を指定
    Roman", 16), command=btn_on)
9   bu.place(x=20, y=10)                              ウィンドウにボタンを配置
10  root.mainloop()                                   ウィンドウの処理を開始
```

このプログラムを実行して、ボタンをクリックすると、図5-6-1のように表示されている文字列が変化します。

図5-6-1 ボタンの反応

クリックすると文字列が変化する

ボタンを作る書式と、クリックした（押した）ときに働く関数を図解したものが図5-6-2です。

図5-6-2　ボタンを作る書式と働く関数

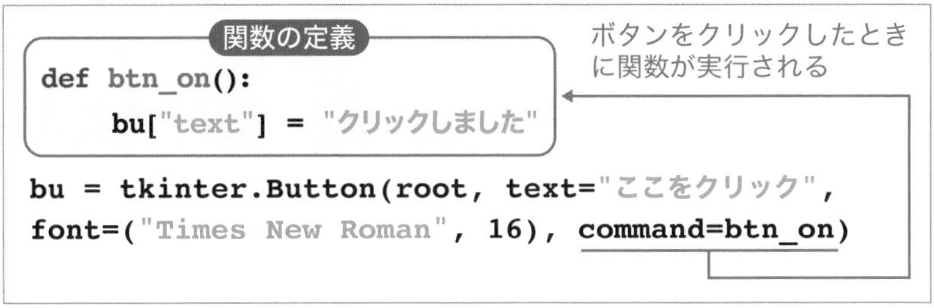

Button()命令の引数にcommand=関数名と記述し、クリックしたときに働く関数を指定します。**command=で指定する関数名には()を付けない決まりがあります。**

クリックしたときに働く関数に bu["text"] = "クリックしました" と記述しています。この記述で**「ボタンの部品（bu）のテキスト（text）に「クリックしました」という文字列を代入しなさい」**とPythonに命じています。ボタンをクリックすると、この命令が実行され、ボタンの文字列が変化する仕組みです。

5-6のポイント

- ✦ Button()命令でボタンを作るときに、command=でクリック時に実行する関数を指定する。
- ✦ 部品名["text"] =で文字列を変更できる。

Section 5-7 メッセージボックスを表示する

メッセージボックスを用いると、画面にさまざまなメッセージを表示することができます。

メッセージボックスの使い方

メッセージボックスを使うには、**tkinter.messagebox モジュール**をインポートします。

メッセージボックスにはいくつかの種類があります。ここでは、最も基本的な情報表示のためのメッセージボックスを確認した後、プログラムの内容と数種類のメッセージボックスについて説明します。

次のプログラムを入力して、ファイル名を付けて保存します。

リスト▶ list0507_1.py ※メッセージボックスのインポートと表示する内容の指定が太字

`import tkinter`	tkinterモジュールをインポート
`import tkinter.messagebox`	tkinter.messageboxモジュールをインポート
`def btn_on():`	関数を定義
`    tkinter.messagebox.showinfo("タイトル", "ボタンを押しました")`	メッセージボックスを表示する
`root = tkinter.Tk()`	ウィンドウのオブジェクトを作る
`root.geometry("400x200")`	ウィンドウのサイズを指定
`bu = tkinter.Button(text="メッセージ", command=btn_on)`	ボタンを作り、クリック時に働く関数を指定
`bu.pack()`	ボタンを配置
`root.mainloop()`	ウィンドウの処理を開始

このプログラムを実行して、ボタンをクリックすると、次ページの図5-7-1のようなメッセージボックスが表示されます。

図5-7-1　メッセージボックス

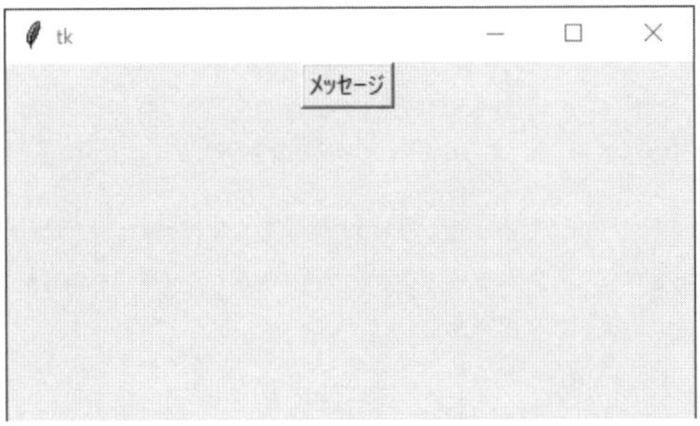

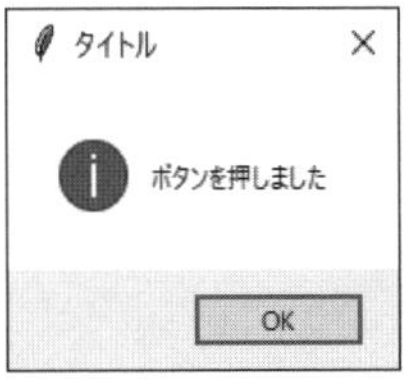

10行目の**pack()**はGUIの部品をウィンドウ上に適宜、配置する命令です。pack()で配置すると、Pythonがウィンドウ内のどの位置に部品を置くかを決めます。通常は、画面の上から順に中央に配置されます。

このプログラムでは**showinfo()**命令を用いて、showinfo(タイトル, 文字列)と2つの引数を指定し、メッセージボックスを表示しています。

メッセージボックスには複数の種類があります。主なメッセージボックスの命令は、次のようになります。

表5-7-1　メッセージボックスの種類

命令	内容
showinfo()	情報を表示するメッセージボックス
showwarning()	警告を表示するメッセージボックス
showerror()	エラーを表示するメッセージボックス
askyesno()	「はい」「いいえ」のボタンがあるメッセージボックス
askokcancel()	「OK」「キャンセル」のボタンがあるメッセージボックス

どちらのボタンを選んだか

メッセージボックスには「はい」「いいえ」の2つのボタン、「OK」「キャンセル」の2つのボタンが表示されるものがあります。どちらのボタンがクリックされたかを判定する方法を確認します。

次のプログラムを入力して、ファイル名を付けて保存します。

リスト▶ list0507_2.py

`import tkinter`	tkinterモジュールをインポート
`import tkinter.messagebox`	tkinter.messageboxモジュールをインポート
`root = tkinter.Tk()`	ウィンドウのオブジェクトを作る
`a = tkinter.messagebox.askyesno("質問", "はい、いいえ、どちらかを選んでください")`	メッセージボックスを表示し、ボタンを押した結果を変数aに代入
`print(a)`	aの値を出力
`root.mainloop()`	ウィンドウの処理を開始

このプログラムを実行すると図5-7-2のようなメッセージボックスが表示され、「はい」をクリックするとシェルウィンドウにTrueが、「いいえ」をクリックするとFalseが出力されます。

図5-7-2 「はい」と「いいえ」を選ぶメッセージボックス

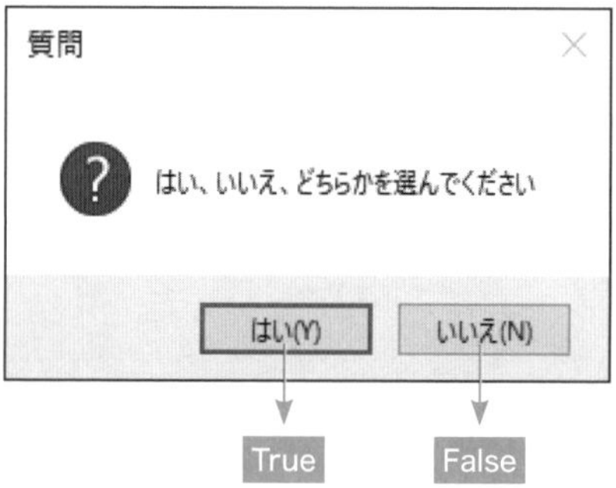

Macでは、図5-7-3のように「はい」は「Yes」、「いいえ」は「No」で表示されます。

図5-7-3 Macの「Yes」と「No」を選ぶメッセージボックス

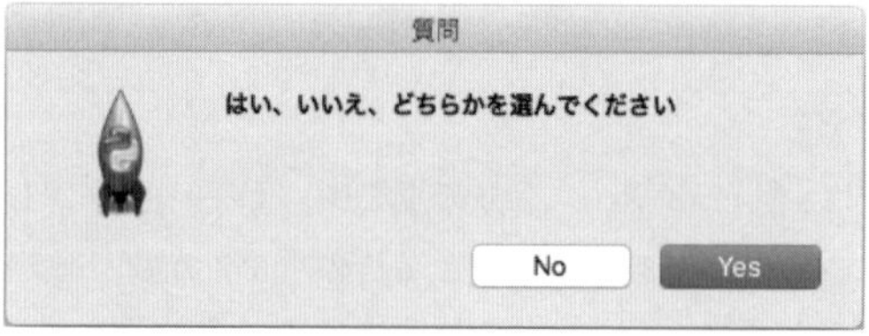

4行目の記述で、「はい（Yes)」をクリックすると変数aにTrueが、「いいえ（No)」をクリックするとFalseが代入されます。TrueとFalseは、tkinter.messagebox.askyesno()関数の戻り値です。

askokcancel()のメッセージボックスでは、「OK」をクリックするとTrue、「キャンセル」をクリックするとFalseになります。

MEMO

askyesno()やaskokcancel()のメッセージボックスでは、戻り値のTrueとFalseで処理を分岐させれば、クリックしたボタンに応じた処理を行うことができます。

5-7のポイント

- メッセージボックスを使うにはtkinter.messageboxモジュールをインポートする。
- メッセージボックスには複数の種類があり、showinfo()などの命令で表示する。
- ボタンが2つあるメッセージボックスは、戻り値でクリックされたボタンを知ることができる。

Column

「サイコロ」アプリを作ろう！

本書は全９章と特別付録で構成されているので、第5章で約半分、折り返し地点に到着したことになります。まずはここまで、おつかれさまでした！

ここでは第4章に続き、息抜きを兼ねたプログラムを用意しました。ここまで学んできた知識で制作したサイコロのプログラムです。ボタンを押すと1〜6の数がランダムに表示されます。それを確認しながら、GUIの知識を深めていきましょう。

いつものように次のプログラムを入力し、保存します。

リスト▶ list05_column.py

`import tkinter`	tkinterモジュールをインポート
`import random`	randomモジュールをインポート
`def sai():`	sai()という関数を定義する
`    la["text"] = random.randint(1, 6)`	ラベルの文字を1〜6の乱数にする
`root = tkinter.Tk()`	ウィンドウのオブジェクトを作る
`root.geometry("200x200")`	ウィンドウのサイズを指定
`root["bg"] = "black"`	ウィンドウの背景色を黒にする
`FNT = ("Times New Roman", 100)`	フォントを変数FNTに代入
`la = tkinter.Label(text="1", font=FNT, bg="black", fg="lime")`	ラベルの生成
`la.pack()`	ラベルの配置
`bu = tkinter.Button(text="サイコロ", command=sai)`	ボタンの生成
`bu.pack()`	ボタンの配置
`root.mainloop()`	ウィンドウの処理を開始

このプログラムを実行すると、図5-C-1のようにラベルとボタンが配置されたウィンドウが表示されます。ボタンを押すと数値がランダムに変わります。

図5-C-1　実行結果

9行目の**root["bg"] = "black"**ははじめて出てきた記述ですが、これはウィンドウの部品（root）の背景色（bg）を黒にするという意味です。

11行目でラベルを作るとき、bg="black"としてラベルも黒にして、fg="lime"で文字を明るい緑色にしています。bgはbackground、fgはforegroundの略です。色は「red」「green」「blue」「yellow」「orange」「gray」「gold」「white」などの英単語で指定できます。

他に学ぶべきところは、5行目のla["text"] = random.randint(1, 6)という記述で、ラベルの文字列の変更に、直接、乱数の命令を記しています。

その他は、これまで学んできた内容です。PythonのGUIに慣れるために、ウィンドウサイズや文字の大きさを変えたり、数字の色を変えてみましょう。また、例えば1～100の乱数が表示されるようにするなど、このプログラムをアレンジしてみてください。

既存のプログラムを改良することでも、プログラミングの技術力がアップしていきます。

mini column

さまざまな場面で役に立つプログラム

定型的な作業の自動化だけでなく、プログラムでさまざまな仕事を効率化できます。筆者がナムコというゲーム会社に勤めていたとき、プログラムを組んで仕事が一気に進んだ実例をお話しします。

テーマパークが盛んに作られた時代に、ナムコも屋内型テーマパークをオープンすることになりました。私の働く部署では、人を乗せて走るライドの設置を担当することになり、上司のOさんが責任者になりました。社内では大型機械は作れず、ジェットコースターを遊園地に建造するT社に製造を依頼しました。

そのライドは二人乗車で商業ビル内をゆっくりと移動します。T社は広い土地を疾駆するライドを作る会社で、狭い場所を低速で移動する機械の設計経験はなく、ナムコにもT社にも未知の部分が多い仕事です。レールをこう敷きたいというナムコ内のアイデアを元に二社で打ち合わせますが、速度や狭い空間で走行できる台数など基本的な部分がなかなか決まりません。当時、PL法が施行され消費者の安全への配慮が高まり、事故がないように慎重になったことも影響しました。

Oさんはオープンに間に合わないと心配し、ライドの動きをパソコンでシミュレーションできないかと私に尋ねてきました。面白そうと考えた私は、すぐにプログラミングを始めました。社内で引いたレールの図面を10ドット1mとして画面に描き、その上にライドを走らせます。会社の廊下を歩いて速度を検討し、プログラムに値を反映させ、滞留地点からライドを送り出す時間の間隔なども検証できるソフトを数日で組みました。

T社との会議でシミュレーションを披露すると、担当者達は感心し、イメージがつかめることで、ライドの数や速度を決めて設計に進めたのです。シミュレーションソフトは定型的業務の自動化とは違いますが、プログラムで仕事を効率化する意味では同じです。プログラミングは、さまざまな仕事をより速く正確に進められるのです。

Chapter 6

GUIの高度な使い方

この章では、前章に続いてPythonのGUIの使い方を説明します。テキスト入力欄と文字列の扱い方やチェックボタン（チェックボックス）の使い方、複数のウィンドウを表示する方法など、やや高度なGUIの知識を学んでいきます。

Section 6-1 1行のテキスト入力欄を配置する

テキスト入力を行うPythonのGUIには、エントリー（Entry）という1行の入力欄と、テキスト（Text）という複数行の入力欄があります。
この節ではEntryの使い方、次節ではTextの使い方を説明します。

1行のテキスト入力欄

1行のテキスト入力欄のエントリーは、**Entry()**命令で作ります。エントリーもplace()命令で配置します。

次のプログラムを入力して、ファイル名を付けて保存します。

リスト▶ list0601_1.py ※テキスト入力欄の生成と配置が太字

`import tkinter`	tkinterモジュールをインポート
`root = tkinter.Tk()`	ウィンドウのオブジェクトを作る
`root.title("テキスト入力欄")`	ウィンドウのタイトルを指定
`root.geometry("400x200")`	ウィンドウのサイズを指定
`en = tkinter.Entry(width=30)`	半角30文字分のエントリーの部品を作る
`en.place(x=10, y=10)`	エントリーの部品を配置
`root.mainloop()`	ウィンドウの処理を開始

このプログラムを実行すると、ウィンドウに図6-1-1のようなテキスト入力欄が配置されます。

図6-1-1 1行のテキスト入力欄の配置

5行目のようにEntry()命令の引数width=で、半角文字で何文字分の横幅にするかを指定します。ここでは省略していますが、引数にfont=を記述してフォントを指定することもできます。

MEMO

GUIの部品をウィンドウに配置するだけなら、部品を作るときの引数のrootを省略できます（一部のGUIを除く）。この章からはプログラムの記述を簡潔にする意味で、5行目のen = tkinter.Entry(width=30)のようにrootの記述を省きます。

Entry内の文字列の操作

エントリー内の文字列は、**get()**命令で取得できます。エントリーに文字を入力して、ボタンをクリックすると、その文字列を取得するプログラムを確認します。

次のプログラムを入力して、ファイル名を付けて保存します。

リスト▶ list0601_2.py ※エントリーの文字列の取得と、ボタンに表示する処理が太字

`import tkinter`	tkinterモジュールをインポート
`def btn_on():`	ボタンをクリックしたときに働く関数を定義
`    txt = en.get()` (太字)	エントリー内の文字列を変数txtに代入
`    bu["text"] = txt` (太字)	ボタンの文字列をtxtの値にする
`root = tkinter.Tk()`	ウィンドウのオブジェクトを作る
`root.geometry("400x200")`	ウィンドウのサイズを指定
`en = tkinter.Entry(width=30)`	エントリーの部品を作る
`en.place(x=20, y=20)`	エントリーの部品を配置
`bu = tkinter.Button(text="文字列の取得", command=btn_on)`	ボタンを作り、クリック時に働く関数を指定
`bu.place(x=20, y=80)`	ボタンを配置
`root.mainloop()`	ウィンドウの処理を開始

このプログラムを実行し、エントリーに文字列を入力してボタンをクリックすると、その文字列がボタンに表示されます（次ページ図6-1-2）。

図6-1-2 エントリー内の文字列の取得

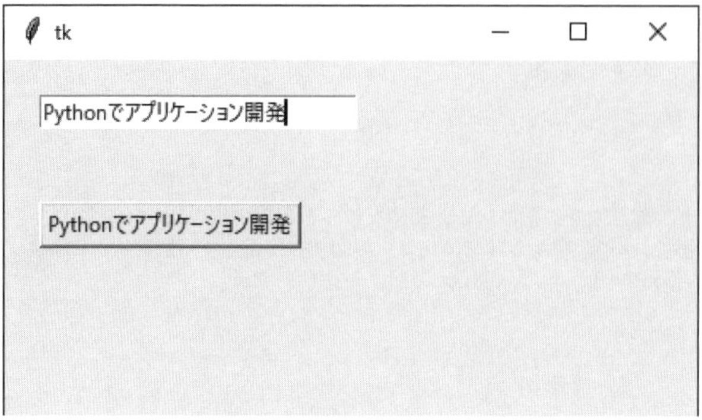

4行目のget()命令で文字列を取得しています。ここでは用いていませんが、エントリー内の文字列の削除はdelete()、文字列の挿入はinsert()命令で行います。

6-1のポイント

- ✦ Entry()命令で、エントリーというテキスト入力欄を作る。
- ✦ エントリーの文字列は、get()命令で取得する。

Section 6-2 複数行のテキスト入力欄を配置する

ここでは、複数行の文字列を入力できるテキストの使い方を説明します。

複数行のテキスト入力欄

複数行のテキスト入力欄であるテキストは、Text( )命令で作ります。

次のプログラムを入力し、ファイル名を付けて保存します。

リスト▶ list0602.py ※テキスト入力欄の生成と配置が太字

`import tkinter`	tkinterモジュールをインポート
`def btn1():`	ボタン1をクリックしたときに働く関数の定義
`    te.insert(tkinter.END, "テキストの追加")`	テキストの最後尾に文字列を追加
`def btn2():`	ボタン2をクリックしたときに働く関数の定義
`    te.delete("1.0", tkinter.END)`	テキスト全体の文字列を削除
`root = tkinter.Tk()`	ウィンドウのオブジェクトを作る
`root.title("複数行のテキスト入力")`	タイトルを指定
`root.geometry("400x240")`	サイズを指定
`b1 = tkinter.Button(text="追加", command=btn1)`	ボタン1を作り、クリック時に働く関数を指定
`b1.place(x=10, y=10)`	ボタン1を配置
`b2 = tkinter.Button(text="削除", command=btn2)`	ボタン2を作り、クリック時に働く関数を指定
`b2.place(x=80, y=10)`	ボタン2を配置
`te = tkinter.Text()`	複数行のテキスト入力欄を作る
`te.place(x=10, y=50, width=380, height=180)`	テキストを配置
`root.mainloop()`	ウィンドウの処理を開始

このプログラムを実行すると、2つのボタンと複数行のテキスト入力欄（テキスト）が表示されます（次ページ図6-2-1）。

「追加」ボタンをクリックするたびに「テキストの追加」という文字列がテキストに追加されます。

「削除」ボタンをクリックすると、テキストの文字列がすべて削除されます。

図6-2-1 複数行のテキスト入力欄の配置

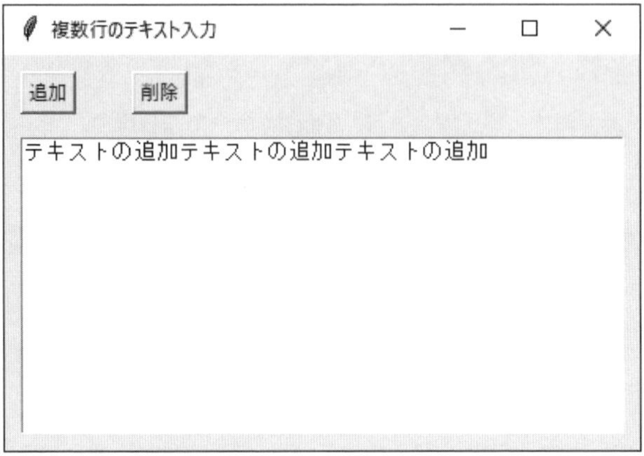

Text()命令で作ったテキストを配置するとき、te.place(x=X座標, y=Y座標, width=幅, height=高さ)と、座標とサイズを指定します。

テキストに文字列を追加するには、4行目のように**insert()**命令を用い、追加位置と文字列を指定します。今回は追加位置を**tkinter.END**として入力欄の最後尾にしています。

テキストの文字列を削除するには**delete(**初めの位置, 終わりの位置**)**とします。このプログラムではすべての文字列を削除するために、delete("**1.0**", tkinter.END)と記述しています。1.0は1行目の0文字目（つまり一番頭の文字）という意味です。

テキストに入力された文字列の取得は、get(初めの位置, 終わりの位置)という記述で行います。

MEMO

テキストにスクロールバーを追加して、入力した文字列が増えたとき、画面を上下にスクロールさせることができます。その方法は第8章で説明します。

Textの文字の位置指定について

テキスト内の文字の位置を図解すると、図6-2-2のようになります。

図6-2-2　テキストの文字の位置

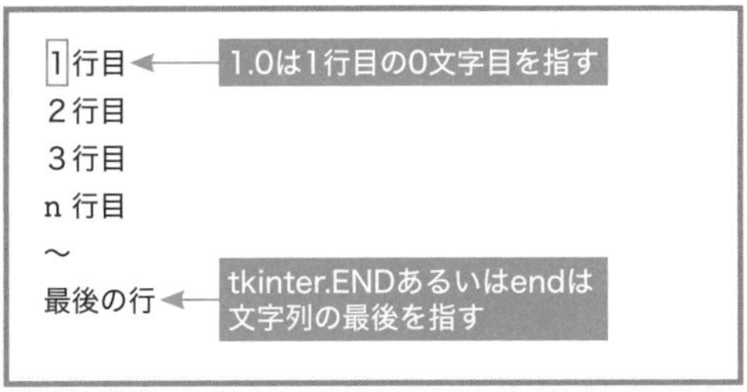

テキスト内の文字列をすべて削除するには、list0602.pyで用いたようにdelete("**1.0**", **tkinter.END**)としますが、文字列を取得するget()命令を使うときに注意点があります。それは、入力欄全体の文字列を取得するにはget("**1.0**", "**end-1c**")と記述することです。

endあるいはtkinter.ENDでは最後尾にある不要なコードも取得するため、そこから1文字（1character）手前という意味のend-1cで指定します。

MEMO

"**end-1c**"をtkinter.END+"**- 1c**"と記述することはできますが、tkinter.END-1とするのは誤りです。

6-2のポイント

- Text()命令で複数行のテキスト入力欄の部品を作る。
- テキストへの文字列の追加はinsert()、削除はdelete()、文字列の取得はget()で行う。

Section 6-3 チェックボタンを配置する

チェックボタンは項目選択に用いる小さな四角い枠のことで、クリックすると「レ」の印が付くGUIの部品です。チェックボタンは一般的にチェックボックスとも呼ばれます。この節でチェックボタンの配置、次節でチェックボタンの有無を調べる方法を説明します。

チェックボタンの配置

チェックボタンは、Checkbutton()命令で作ります。

次のプログラムを入力して、ファイル名を付けて保存します。

リスト▶ list0603.py ※チェックボタンの生成と配置が太字

import tkinter	tkinterモジュールをインポート
root = tkinter.Tk()	ウィンドウのオブジェクトを作る
root.geometry("400x200")	ウィンドウのサイズを指定
cb = tkinter.Checkbutton(text="チェックボタン")	チェックボタンの部品を作る
cb.place(x=10, y=10)	チェックボタンの部品を配置
root.mainloop()	ウィンドウの処理を開始

このプログラムを実行すると、図6-3-1のようにチェックボタンが配置されます。□をクリックして、印が付くことを確認しましょう。

図6-3-1 チェックボタンを配置する

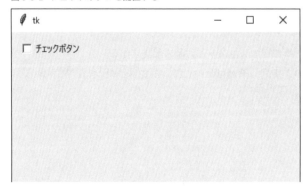

チェックボタンの横に表示される文字列は、4行目のようにCheckbutton()の引数のtext=で指定します。

text=、font=、bg=、fg=

第5章からここまで数種類のGUIの部品を扱ってきました。その中で、ラベルやボタン、ここで学んだチェックボタンなど、**表示する文字列をtext=で指定する共通のルールがある**とお気付きになられたでしょうか。

文字列を表示する部品はfont=でフォントの種類とサイズを指定できます。チェックボタンもフォントの指定が可能です。

また部品の背景色はbg=、文字の色はfg=で指定しますが、部品によっては色指定できなかったり、色指定が無効になることがあります。

6-3のポイント

- Checkbutton()命令でチェックボタンの部品を作る。
- 文字列が表示される部品はtext=で文字列を、font=でフォントの種類とサイズを指定できる。

Section 6-4 チェックボタンを操作する

チェックボタンのチェックをプログラムで付けたり外したりできます。
また、チェックの有無を取得できます。

チェックされた状態にする

チェックボタンがチェックされているかを知るには、やや複雑な記述が必要です。チェックの操作は、**BooleanVar()**命令を使って行います。

まずBooleanVar()を用いて、チェックボタンをチェックされた状態にしてみます。

次のプログラムを入力して、ファイル名を付けて保存します。

リスト▶ list0604_1.py ※BooleanVar()を用いている箇所が太字

`import tkinter`	tkinterモジュールをインポート
`root = tkinter.Tk()`	ウィンドウのオブジェクトを作る
`root.geometry("400x200")`	ウィンドウのサイズを指定
`bvar = tkinter.BooleanVar()`	BooleanVar()のオブジェクトを作る
`bvar.set(True)`	それにTrueをセットする
`cb = tkinter.Checkbutton(text="チェックボタン",` **`variable=bvar`**`)`	チェックボタンの部品を作る
`cb.place(x=10, y=10)`	チェックボタンの部品を配置
`root.mainloop()`	ウィンドウの処理を開始

このプログラムでは、次ページの図6-4-1のようにチェックボタンが最初からチェックされた状態になります。

図6-4-1　チェックボタンに印を付ける

4行目でBooleanVar()のオブジェクトを用意し、5行目でそれにTrueをセットします。Trueでチェックあり、Falseでチェックなしになります。6行目でチェックボタンを作るときに、variable=でこのオブジェクトを指定します。

こうすることで、BooleanVar()のオブジェクトがチェックボタンと結び付きます。

チェックの有無を調べる

次にチェックの有無を調べます。調べるにはBooleanVar()のオブジェクトに対してget()メソッドを用います。

次ページのプログラムを入力して、ファイル名を付けて保存します。

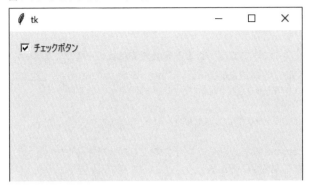

リスト▶ list0604_2.py ※チェックの有無を調べる処理が太字

`import tkinter`	tkinterモジュールをインポート
`def chk():`	チェックを変更したときに働く関数を定義
`    if bvar.get() == True:` (太字)	チェックされていたら
`        print("チェックされています")` (太字)	「チェックされています」と出力
`    else:` (太字)	そうでなかったら
`        print("チェックされていません")` (太字)	「チェックされていません」と出力
`root = tkinter.Tk()`	ウィンドウのオブジェクトを作る
`root.geometry("400x200")`	ウィンドウのサイズを指定
`bvar = tkinter.BooleanVar()` (太字)	BooleanVar()のオブジェクトを作る
`cb = tkinter.Checkbutton(text="チェックボタン", variable=bvar, command=chk)` (`variable=bvar,` 太字)	チェックボタンを作り、command=でクリックしたときに働く関数を指定
`cb.place(x=10, y=10)`	チェックボタンを配置
`root.mainloop()`	ウィンドウの処理を開始

このプログラムを実行して、チェックボタンをクリックすると、図6-4-2のようにシェルウィンドウにチェックの状態が出力されます。

チェックを付けたり外したりして、動作を確認しましょう。

図6-4-2 チェックの状態を出力

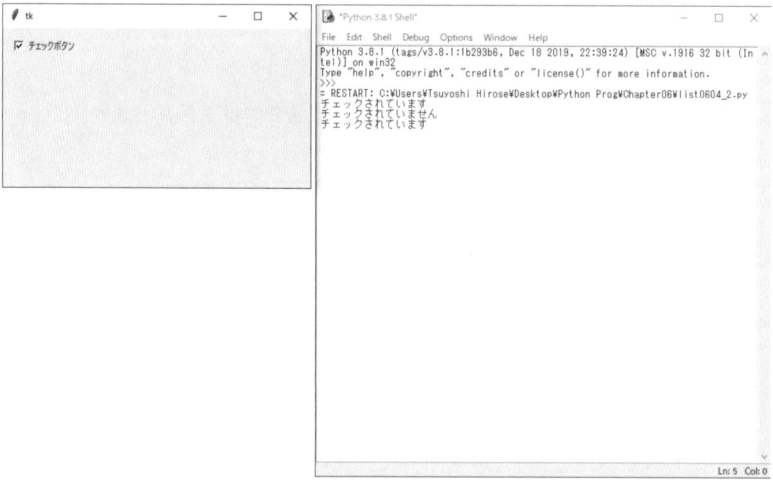

12行目でチェックボタンを作るときに、クリック時に実行する関数をcommand=で指定します。これは、ボタンのクリックを判定する方法と同じです。

今回はその関数をchk()という名前で定義して、chk()関数の中で4行目のように、チェックボタンと結び付けたBooleanVar()のオブジェクトをget()命令で調べています。get()命令で取得する値は、チェックされている場合はTrueに、されていない場合はFalseになります。

なおBooleanVar()のオブジェクトの値は、作り出した直後（11行目）はFalseになっています。

6-4のポイント

- チェックボタンを操作したり、チェックの有無を知るにはBooleanVar()を用いる。
- チェックの有無は、チェックボタンに結び付けたBooleanVar()のオブジェクトにget()命令を用いて調べる。

Section 6-5

コンボボックスを配置する

コンボボックスとは、リストの複数の項目から1つを選ぶGUIの部品です。ドロップダウンリストに近いものですが、コンボボックスは文字列を編集できます（ドロップダウンリストは選択のみで編集は不可)。Pythonのコンボボックスは、引数を指定することでドロップダウンリストにできます。

MEMO

ここで説明するGUIはコンボボックスやドロップダウンリスト、プルダウンリストなど、人それぞれ色々な名称で呼ぶことの多い部品です。本書では、Pythonの命令名と同じコンボボックスという名称とし、選ぶ項目を一般的な呼び方に従ってドロップダウンリストと呼ぶことにします。

コンボボックスの配置

コンボボックスを使うには、tkinter.ttkモジュールをインポートします。コンボボックスは、**Combobox()**命令で作ります。

次のプログラムを入力して、ファイル名を付けて保存します。

リスト▶ list0605.py ※コンボボックスを用意するための記述が太字

```
import tkinter                                   tkinterモジュールをインポート
import tkinter.ttk                               tkinter.ttkモジュールをインポート

def sel(e):                                      項目を変更したときに実行する関数
    print(co.get())                              シェルウィンドウに値を出力

root = tkinter.Tk()                              ウィンドウのオブジェクトを作る
root.geometry("300x200")                         ウィンドウのサイズを指定
va = ["Sサイズ", "Mサイズ", "Lサイズ",             選べる項目をリストで定義
"XLサイズ"]
co = tkinter.ttk.Combobox(                       コンボボックスの部品を作る
state="readonly", values=va)
co.set(va[0])                                    最初に表示される項目をセット
co.bind("<<ComboboxSelected>>", sel)             項目を選んだときに働く関数を指定
co.place(x=20, y=20)                             コンボボックスを配置
root.mainloop()                                  ウィンドウの処理を開始
```

このプログラムを実行すると、図6-5-1のようにコンボボックスが表示されます。そこをクリックすると9行目で定義した項目を選ぶことができ、いずれかを選ぶとその値がシェルウィンドウに表示されます。

図6-5-1　コンボボックスの配置

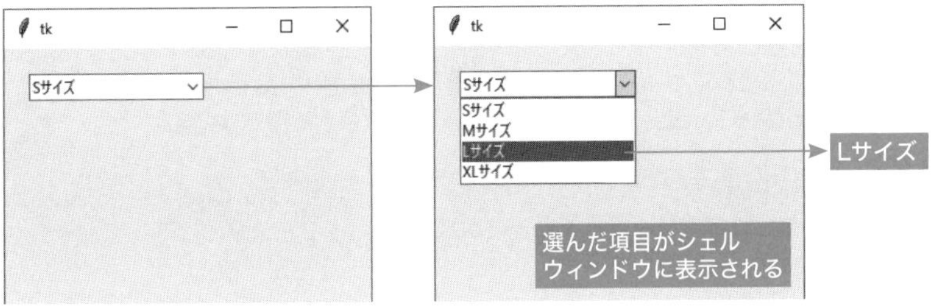

コンボボックスを作る書式は、次のようになります。

```
変数 = tkinter.ttk.Combobox(state=状態, values=項目のリスト)
```

stateはnormal、readonly、disabledのいずれかを指定します。

normalを指定するとコンボボックスに文字列を入力できます。readonlyでは文字列は入力できず、ドロップダウンリストから値を選ぶだけになります。

また、disabledにするとコンボボックスは一切反応しなくなります。例えば、後からコンボボックスを使用不可にするには、co["**state**"] = "**disable**"とします。

valuesでドロップダウンリストを指定します。このプログラムでは、そのリストを9行目で定義しています。最初に表示される項目は、11行目のように**set()**命令で指定します。

ドロップダウンリストが変更されたときに実行する関数は、12行目のようにco.bind("**<<ComboboxSelected>>**", **sel**)として、**bind()**命令で指定します。bind()命令は6-8で改めて説明します。ここでは、このように記述してリストを変更したときに関数を働かせると考えておいてください。

ドロップダウンリストが変更されると4〜5行目で定義したsel()関数が実行されます。今回はprint(co.get())として、どの項目を選んだかをget()命令で取得し、シェルウィンドウに出力しています。

6-5のポイント

- ✦ コンボボックスを使うには、tkinter.ttkモジュールをインポートする。
- ✦ Combobox()命令でコンボボックスの部品を作る。
- ✦ ドロップダウンリストを変更したときに実行する関数を、bind("<<ComboboxSelected>>", 関数名)で指定する。

Section 6-6 キャンバスを配置する

図形や画像を描くGUIをキャンバスといいます。図形の描画を覚えておけば、ビジネスアプリ開発でグラフを描くときなどに役に立ちます。
ここでは、キャンバスの使い方を説明します。

キャンバスの配置

キャンバスは**Canvas()**命令で作り、pack()やplace()で配置します。
次のプログラムを入力して、ファイル名を付けて保存します。

リスト▶ list0606_1.py ※キャンバスの生成と配置が太字

```
import tkinter                          tkinterモジュールをインポート
root = tkinter.Tk()                     ウィンドウのオブジェクトを作る
ca = tkinter.Canvas(width=600,          キャンバスの部品を作る
height=300, bg="lime")
ca.pack()                               ウィンドウにキャンバスを配置
root.mainloop()                         ウィンドウの処理を開始
```

このプログラムを実行すると、図6-6-1のように緑色のキャンバスが配置されたウィンドウが表示されます。

図6-6-1 キャンバスの配置

※パソコンの画面ではウィンドウ内が緑色になります。

pack()命令で配置すると、キャンバスの大きさに合わせてウィンドウサイズが決まります。ウィンドウにキャンバスだけを置く場合には、このプログラムのようにroot.geometry()の記述を省略できます。

キャンバスを作る書式は、次のようになります。

```
変数 = tkinter.Canvas(width=幅, height=高さ, bg=背景色)
```

背景色の指定のbg=は省略できますが、色を指定する場合には「red」「green」「blue」「yellow」「black」「white」などの英単語か、16進数の値で指定します。16進数での色指定は、この節の最後にある**mini column**（177ページ参照）で説明します。

キャンバスに図形を描く

キャンバスにいくつかの図形を描いてみます。
次のプログラムを入力して、ファイル名を付けて保存します。

リスト▶ list0606_2.py ※キャンバスに文字列と図形を描く命令が太字

`import tkinter`	tkinterモジュールをインポート
`root = tkinter.Tk()`	ウィンドウのオブジェクトを作る
`ca = tkinter.Canvas(width=600, height=300, bg="black")`	キャンバスの部品を作る
`ca.pack()`	キャンバスを配置
`ca.create_text(300, 15, text="キャンバスに図形を描く", fill="white")`	キャンバスに文字列を描く
`ca.create_line(20, 20, 200, 280, fill="blue", width=10)`	キャンバスに線を引く
`ca.create_rectangle(220, 30, 380, 280, fill="purple", width=5)`	キャンバスに矩形を描く
`ca.create_oval(400, 20, 580, 280, fill="navy", outline="cyan")`	キャンバスに楕円を描く
`root.mainloop()`	ウィンドウの処理を開始

このプログラムを実行すると、次ページの図6-6-2のようにキャンバスに文字列、線、矩形、楕円が描かれます。

MEMO

プログラミングでは長方形を「矩形（くけい）」と呼ぶことが多く、本書でも矩形で説明します。

図6-6-2　キャンバスに描く図形

キャンバスに文字列を表示するには、create_text(x, y, text=文字列, fill=色, font=(フォント名, サイズ)) とします。このプログラムでは、フォントの指定は省略しています。

次ページの表6-6-1に、キャンバスに図形を描く命令をまとめています。

MEMO

キャンバスには、写真やイラストなどの画像を表示することもできます。
画像の読み込みと表示方法は、本章末の**Column**（186ページ参照）で説明します。

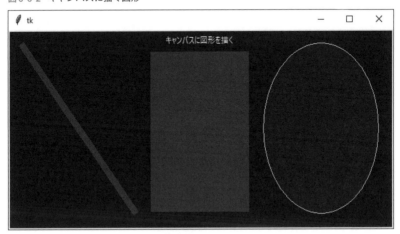

表6-6-1 Canvasの図形描画命令

線	create_line(x1, y1, x2, y2, fill=色, width=線の太さ) ※3つ目の点、4つ目の点と複数の点を指定できる ※3点以上を指定して、smooth=Trueとすると曲線になる	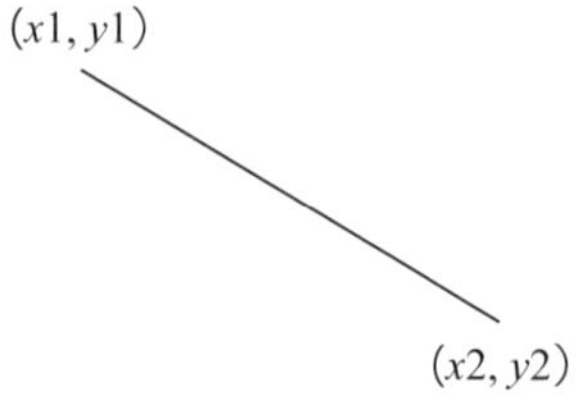
矩形（くけい）	create_rectangle(x1, y1, x2, y2, fill=塗り色, outline=枠線の色, width=枠線の太さ)	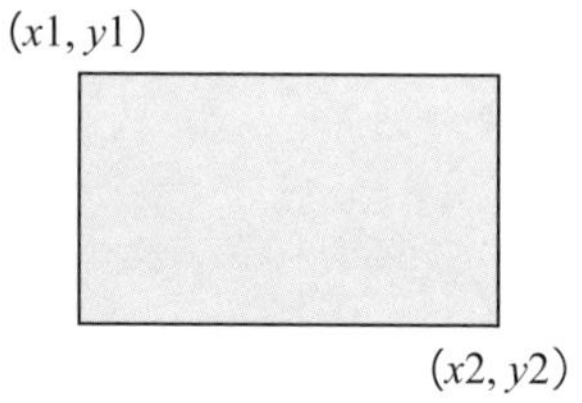
楕円	create_oval(x1, y1, x2, y2, fill=塗り色, outline=枠線の色, width=枠線の太さ)	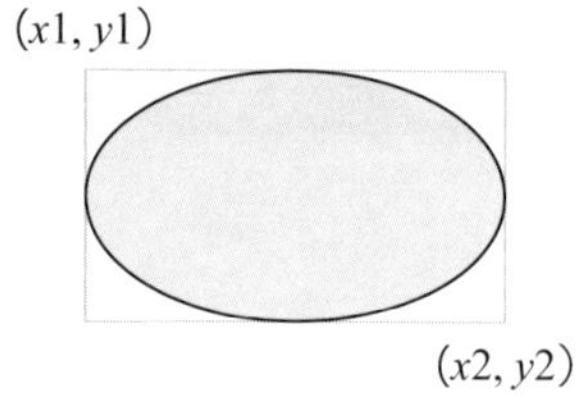
多角形	create_polygon(x1, y1, x2, y2, x3, y3, …, …, fill=塗り色, outline=枠線の色, width=枠線の太さ) ※複数の点を指定できる	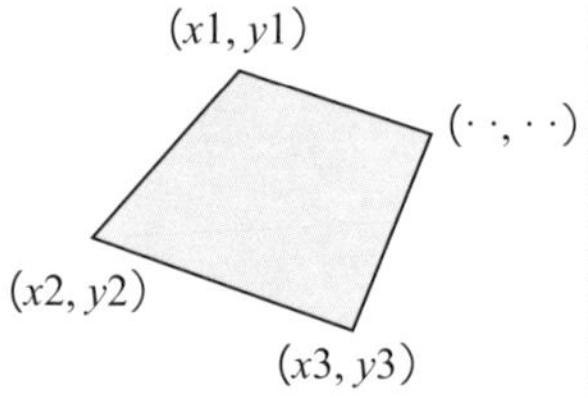
円弧	create_arc(x1, y1, x2, y2, fill=塗り色, outline=枠線の色, start=開始角度, extent=何度描くか, style=tkinter.***) ※角度は度（degree）の値で指定する ※style=の記述は省略可。記述する場合には、***にPIESLICE、CHORD、ARCのいずれかを指定する	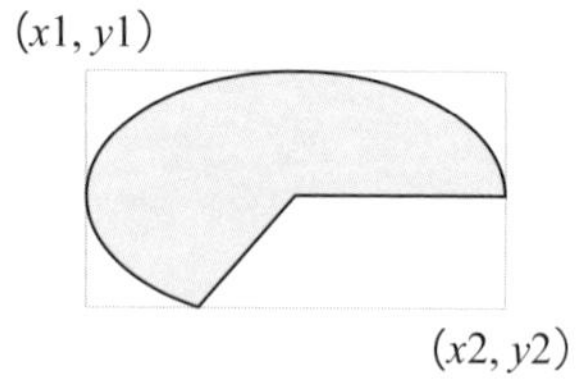

16進数での色指定

16進数で色指定するために、光の三原色について知りましょう。赤、緑、青の光を**三原色**といい、赤と緑が混じると黄に、赤と青が混じると紫（マゼンタ）に、緑と青が混じると水色（シアン）になります。赤、緑、青3つを混ぜると白になります。光の強さが弱い（暗い）場合には、混ぜた色も暗い色になります。

図6-6-3　光の三原色（実際の色はサンプルファイルを参照してください）

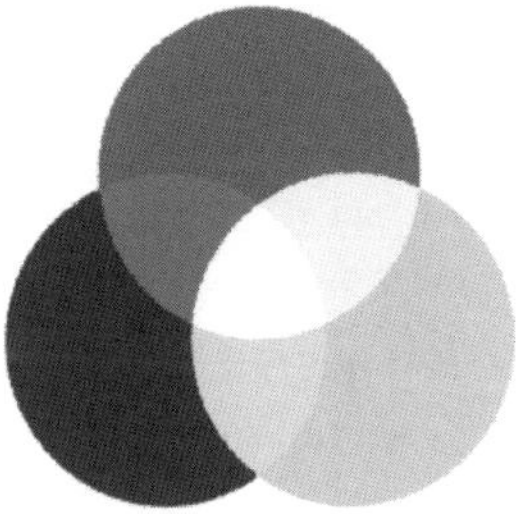

コンピュータでは赤（Red）、緑（Green）、青（Blue）、それぞれの光の強さを0～255の256段階の数値で表します。例えば、明るい赤はR=255、暗い赤はR=128です。例えば、暗い水色を表現する場合には、「R=0, G=128, B=128」になります。

10進数の0～255を16進数にすると、次の値になります。

10進数	16進数
0	**00**
1	**01**
2	**02**
3	**03**

10進数	16進数
4	**04**
5	**05**
6	**06**
7	**07**

10進数	16進数
8	**08**
9	**09**
10	**0A**
11	**0B**

次ページへ続く

10進数	16進数
12	**0C**
13	**0D**
14	**0E**
15	**0F**
16	**10**
17	**11**
18	**12**

10進数	16進数
19	**13**
20	**14**
⋮	⋮
126	**7E**
127	**7F**
128	**80**
129	**81**

10進数	16進数
⋮	⋮
251	**FB**
252	**FC**
253	**FD**
254	**FE**
255	**FF**

※16進数のA～Fは、小文字でもかまいません。

16進数で色を指定するには、#RRGGBBまたは#RGBと記述します。

#RRGGBBでは赤／緑／青のそれぞれの値は256段階となり、例えば、黒は#000000、明るい赤は#FF0000、明るい緑は#00FF00、灰色は#808080になります。

#RGBでは赤／緑／青のそれぞれの値は16段階で、例えば、黒は#000、明るい赤は#F00、灰色は#888、白は#FFFです。

6-6のポイント

- Canvas()命令で図形や画像を表示するキャンバスの部品を作る。
- キャンバスに各種の命令で、矩形や楕円などの図形を描くことができる。

Section 6-7 その他のGUI

ここまで一般的に使用頻度の高いボタンやテキスト入力欄、コンボボックスなどのGUIを扱ってきましたが、Pythonでは他にも色々なGUIを利用できます。ここでは、スケールというユニークなGUIの部品を紹介します。

スケールを配置する

スケールとは、つまみをスライドさせて値を指定する、横長あるいは縦長の棒状の部品のことです。スケールは**Scale()**命令で作ります。スケールの値を取得するには**IntVar()**を用います。

次のプログラムを入力して、ファイル名を付けて保存しましょう。

リスト▶ list0607.py ※スケールの生成と配置が太字

`import tkinter`	tkinterモジュールをインポート
`def btn_on():`	btn_onという関数を定義
`    print(iv.get())`	スケールの値を出力
`root = tkinter.Tk()`	ウィンドウのオブジェクトを作る
`root.geometry("600x200")`	ウィンドウのサイズを指定
`iv = tkinter.IntVar()`	スケール値取得のためのIntVar()
`sc = tkinter.Scale(variable=iv, from_=0, to=99, label="スケール", length=500, width=10, orient=tkinter.HORIZONTAL)`	スケールの部品を作る
`sc.place(x=50, y=10)`	スケールの部品を配置
`bu = tkinter.Button(text="値の取得", command=btn_on)`	ボタンの部品を作る
`bu.place(x=50, y=100)`	ボタンの部品を配置
`root.mainloop()`	ウィンドウの処理を開始

プログラムを実行すると、次ページの図6-7-1のように横向きのスケールが表示されます。

つまみを動かしてボタンをクリックすると、スケールの値がシェルウィンドウに出力されます。

図6-7-1 スケールを配置する

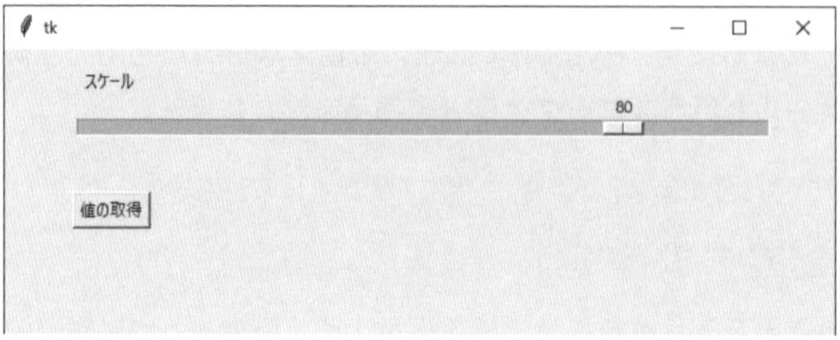

スケールの値を取得するために、8行目でIntVar()のオブジェクトを用意しています。スケールを作るScale()命令の引数のvariable=でそのオブジェクトを指定します。こうすることで、IntVar()のオブジェクトがスケールと結びつき、get()命令でスケールの値を取得できます。

スケールの向きは、orient=で指定します。横向きはorient=tkinter.HORIZONTAL、縦向きはorient=tkinter.VERTICALとするか、指定自体を省略します。

その他の引数は、from_=スケールの初めの値、to=終わりの値、label=スケールの名称、length=長さ、width=幅です。このスケールは横向きにしたので、widthは高さになります。

スケールの名称は、text=ではなくlabel=で指定する点に注意しましょう。

6-7のポイント

- ✦ Scale()命令でスケールの部品を作る。
- ✦ スケールの値を取得するにはIntVar()のオブジェクトを用いる。

Section 6-8 複数のウィンドウを扱う

ビジネスアプリを開発するとき、複数のウィンドウでソフトウェアを構成したいことがあります。複数のウィンドウを扱う技術は、プログラミング初心者がすぐに覚えなくてはならないものではありませんが、Pythonで複数のウィンドウを扱えることを知っておくと、将来、役に立つこともあるはずです。
ここでは、tkinterで複数のウィンドウを扱う方法を説明します。

複数のウィンドウを表示する

複数のウィンドウを表示するプログラムを確認します。サブウィンドウはToplevel()命令で作ります。動作確認後にその作り方を説明します。

次のプログラムを入力して、ファイル名を付けて保存します。

リスト▶ list0608.py ※サブウィンドウを作る処理が太字

01	`import tkinter`	tkinterモジュールをインポート
02		
03	`def key_p(e):`	key_pという関数を定義
04	`    la["text"] = e.keysym`	ラベルの文字列をkeysymの値にする
05		
06	`root = tkinter.Tk()`	ウィンドウのオブジェクトを作る
07	`root.title("メインウィンドウ")`	ウィンドウのタイトルを指定
08	`root.geometry("600x400")`	ウィンドウのサイズを指定
09	`root.bind("<KeyPress>", key_p)`	キーを押したときに実行する関数を指定
10	`tkinter.Label(text="このウィンドウ上でキー入力してください").pack()`	操作説明の文言をラベルで配置
11		

次ページへ続く

※10行目は操作説明のラベルを置く処理で、ラベルの生成と配置を1行で行っています。

```
subw = tkinter.Toplevel()                         サブウィンドウの部品を作る
subw.title("サブウィンドウ")                        サブウィンドウのタイトルを指定
subw.geometry("300x120")                          サブウィンドウのサイズを指定
subw["bg"] = "black"                              サブウィンドウの背景を黒に
la = tkinter.Label(subw,                          ラベルの部品を作る
font=("Times New Roman",
40), bg="black", fg="white")
la.pack()                                         ラベルの部品を配置

root.mainloop()                                   ウィンドウの処理を開始
```

このプログラムを実行すると、図6-8-1のように2つのウィンドウが表示されます。メインウィンドウ上でキーボードのいずれかのキーを押すと、その値がサブウィンドウに表示されます。

図6-8-1 複数のウィンドウ

※プログラムを実行したとき、サブウィンドウがメインウィンドウの下に置かれて、見えないことがあります。サブウィンドウが見えないときは、メインウィンドウを移動してください。

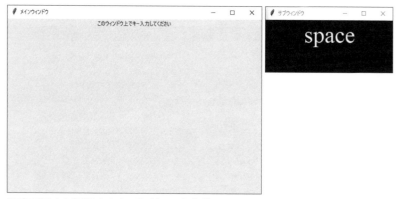

このプログラムでは、メインウィンドウとサブウィンドウの2つを作っています。メインウィンドウの作り方は、これまでと同様にroot = tkinter.Tk()で行います。

メインウィンドウではキーが押されたときに働く関数をbind()命令で指定しています。9行目にある**root.bind("<KeyPress>", key_p)**と記述することで、メインウィンドウ上でキーが押されたらkey_p()関数が実行されます。

サブウィンドウは12行目のようにToplevel()命令で作ります。Toplevel()で作ったウィンドウのタイトルとサイズの指定も、Tk()で作ったウィンドウと同様にtitle()とgeometry()で行います。
16行目の次の記述でサブウィンドウにラベルを配置しています。

```
la = tkinter.Label(subw, font=("Times New Roman", 40),
bg="black", fg="white")
```

サブウィンドウに配置するので、Label()命令の最初の引数をsubwとしています。

3〜4行目がキーが押されたときに働く関数の定義です。メインウィンドウでキーが押されたとき、la["text"] = e.keysymという記述でキーの値をラベルに表示しています。この関数の引数eに.keysymを付けて**e.keysym**と記述すると、押されたキーを取得できます。

bind()命令で取得できるイベント

bind()命令について説明します。bind()の書式は次のようになります。引数の関数名は、()を付けずに記述します。

```
オブジェクト名.bind("<イベント>", イベント発生時に実行する関数名)
```

list0608.pyのプログラムではメインウィンドウでキー入力を受け付けるので、オブジェクト名をrootとしています。

イベントとは、ユーザーがキーを押したり、マウスを操作することを意味する言葉です。bind()命令で取得できる主なイベントは、次のようになります。

表6-7-1 bind()命令のイベント

イベント	イベントの内容
<KeyPress> あるいは <Key>	キーを押した
<KeyRelease>	キーを離した
<Motion>	マウスポインタを動かした
<ButtonPress> あるいは <Button>	マウスボタンをクリックした
<ButtonRelease>	マウスボタンを離した

※<KeyPress>は単に<Key>、<ButtonPress>は<Button>と記述できます。

MEMO

コンピュータのイベントという言葉の意味は幅広く、例えばウィンドウの×ボタンを押したとき「終了イベントが発生した」と表現することもあります。

<Motion>でマウスポインタの動きを取得できます。マウスポインタの座標は、イベント発生時に実行する関数の引数に.xと.yを付けて取得します。

例 ウィンドウのタイトルにマウスポインタの座標を表示するプログラム

```
import tkinter

def mouse(e):
    root.title("({},{})".format(e.x, e.y))

root = tkinter.Tk()
root.geometry("600x400")
root.bind("<Motion>", mouse)
root.mainloop()
```

6-8のポイント

- ✦ Toplevel()命令でサブウィンドウを作ることができる。
- ✦ ウィンドウに対しbind()命令を用いると、キー入力やマウスの動きを取得できる。

Column キャンバスに画像を表示しよう！

画像ファイルを読み込んでキャンバスに表示することができます。使用する画像ファイルも書籍のサンプルファイルに収録しています。画像ファイルはプログラムと同じフォルダに配置してください。もちろん、自分で用意した画像でもかまいません。

オリジナルの画像を使うときは、4行目のキャンバスのサイズ、6行目のファイル名、7行目の画像の表示位置を、適宜、書き換えてください。画像ファイルはPhotoImage()命令で読み込んで、create_image()命令で描画します。

次のプログラムを入力して、ファイル名を付けて保存します。

リスト▶ list06_column.py ※画像の読み込みと描画が太字

01	`import tkinter`	tkinterモジュールをインポート
02	`root = tkinter.Tk()`	ウィンドウのオブジェクトを作る
03	`root.title("画像の読込と表示")`	ウィンドウのタイトルを指定
04	`ca = tkinter.Canvas(width=1000, height=800)`	キャンバスを作る
05	`ca.pack()`	ウィンドウにキャンバスを配置
06	**`ga = tkinter.PhotoImage(file="cat.png")`**	変数gaに画像ファイルを読み込む
07	**`ca.create_image(500, 400, image=ga)`**	キャンバスに画像を描く
08	`root.mainloop()`	ウィンドウの処理を開始

このプログラムを実行すると、キャンバスに画像が表示されます（図6-C-1）。

PhotoImage()命令の引数file=でファイル名を指定して、変数に画像を読み込みます。

create_image()命令は、create_image(X座標, Y座標, image=画像を読み込んだ変数)と記述します。引数の(X,Y)座標は、画像の中心になります。

図6-C-1 キャンバスに画像を表示

Chapter 7

時計アプリを作ってみよう！

この章からアプリケーションの開発を行います。ここでは時計アプリの作り方を学びます。そして自動化、効率化の初歩的な学習として、決められた時間にWebブラウザを起動するという機能を時計アプリに加えます。

Section 7-1

リアルタイム処理を行う

ソフトウェアの処理を時間軸に沿って進めることを「リアルタイム処理」といいます。時計の時刻は1秒ごとに進むので、時計アプリを作るにはリアルタイム処理を行う必要があります。Pythonでリアルタイム処理を行う方法から説明します。

after()命令を用いる

after()という命令でリアルタイム処理を行います。時刻を表示する前に、数字を自動的にカウントするプログラムを確認し、リアルタイム処理のイメージをつかみます。

次のプログラムを入力して、ファイル名を付けて保存しましょう。

リスト▶ list0701.py

```
import tkinter                          tkinterモジュールをインポート

cnt = 0                                 数をカウントする変数cntの宣言
def count_up():                         リアルタイム処理を行う関数を定義
    global cnt                          cntをグローバル変数とすると宣言
    cnt = cnt + 1                       cntの値を1増やす
    la["text"] = cnt                    ラベルにcntの値を表示
    root.after(1000, count_up)          1秒後に再びこの関数を実行する

root = tkinter.Tk()                     ウィンドウのオブジェクトを作る
root.geometry("300x100")                ウィンドウのサイズを指定
la = tkinter.Label()                    ラベルを作る
la["font"] = ("Times New                ラベルのフォントを指定
Roman", 80)
la.pack()                               ラベルをウィンドウに配置
count_up()                              リアルタイム処理を行う関数を実行
root.mainloop()                         ウィンドウの処理を開始
```

このプログラムを実行すると、次ページの図7-1-1のようにウィンドウに表示された数が1秒ごとに増えていきます。

図7-1-1 リアルタイムに数をカウント

5行目のglobalは、関数の外側で宣言したグローバル変数の値を関数内で変更するときに記述します。globalは第4章でも学びましたが、次の**7-2**「グローバル変数とローカル変数を理解する」でさらに詳しく説明します。

4～8行目でcount_up()という関数を定義し、この関数とafter()命令でリアルタイム処理を行っています。after()命令の書式は次のようになります。

```
ウィンドウのオブジェクト.after(ミリ秒, 実行する関数名)
```

引数は**何ミリ秒後**に**どの関数を実行するか**です。after()の引数の関数名は、()を付けずに記述します。

count_up()関数の処理は、変数cntの値を1増やし、それをラベルに表示するというものです。プログラムを実行すると15行目でcount_up()が呼び出されます。count_up()関数のブロックの最後（8行目）に記述したafter()命令で、1秒後にまたcount_up()が呼び出されます。こうして延々とcount_up()が実行され続けます。

この流れを図示すると、次ページの図7-1-2のようになります。

図7-1-2 after()を使ったリアルタイム処理

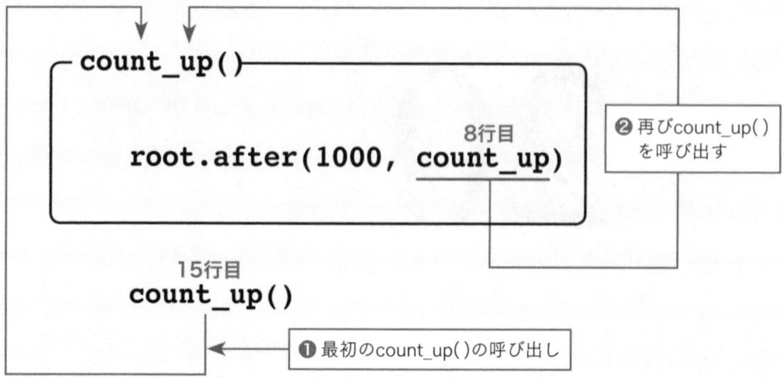

それから13行目のla["font"] = ("Times New Roman", 80)という記述がはじめて出てきましたが、これはラベル(la)のフォント(font)を「Times New Roman」でサイズを「80」にするという意味です。

MEMO

ワードやエクセルなどのアプリケーションは、ユーザーが文字を入力したり、メニューの項目を選ぶなどしないと、画面に変化はなく、処理が勝手に進むことはありません。ユーザーが何かをすることで処理が進行するプログラムは、**イベントドリブン型**あるいは**イベント駆動型**と呼ばれます。

7-1のポイント

- after()命令でリアルタイム処理を行う。

Section 7-2

グローバル変数とローカル変数を理解する

第4章でグローバル変数とローカル変数の概要を説明しました。アプリケーションを開発するには、それらの変数とスコープ（変数の通用範囲）の意味をしっかり理解する必要があります。ここで詳しく説明します。

変数の通用範囲

関数の外側で宣言した変数をグローバル変数、関数の内側で宣言した変数をローカル変数といいます。グローバル変数とローカル変数は、値を参照できる範囲（スコープ）に違いがあります。

グローバル変数の値はどの関数からも知ることができます。グローバル変数のスコープは、それを宣言したプログラム全体になります。Pythonのグローバル変数は、関数内で値を参照するだけならglobalの記述は不要ですが、値を変更するなら関数内で**global宣言**する決まりがあります。

ローカル変数のスコープは、その変数を宣言した関数内のみです。ローカル変数を関数の外側で使うことはできません。

グローバル変数の値はプログラムが終了するまで保持されますが、ローカル変数の値は、それを宣言した関数を呼び出すたびに初期値になる決まりがあります。

7-1「リアルタイム処理を行う」で紹介したlist0701.pyの変数cntがグローバル変数です。cntの値をcount_up()関数内で増やすので、global cntと記述しています。

これを図解したものが、次ページの図7-2-1になります。

図7-2-1 グローバル変数とglobal宣言

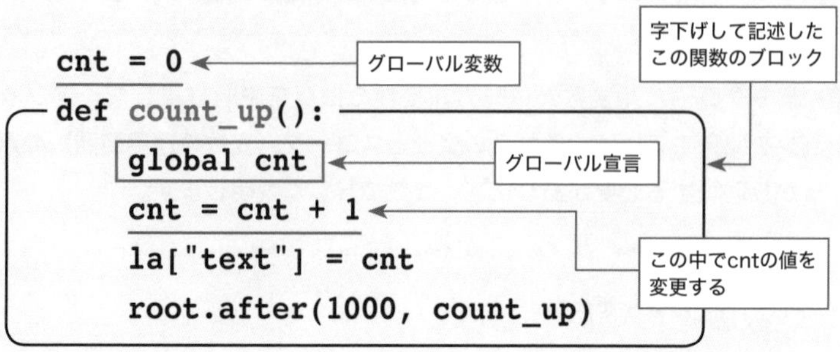

global宣言を行わず、

```
cnt = 0
def count_up():
    cnt = cnt + 1
    label["text"] = cnt
    root.after(1000, count_up)
```

と記述すると、cnt = cnt + 1のところでエラーが発生します。また、

```
def count_up():
    cnt = 0
    cnt = cnt + 1
    la["text"] = cnt
    root.after(1000, count_up)
```

と記述すると、関数内で宣言したcntはローカル変数なので、この関数を呼び出すたびに値が0になります。そのため、時間が経過しても表示は1のまま変化しません。

グローバス変数はどの関数でもglobal宣言すれば値を変更できます。一方、ローカル変数は関数の外側で使うことはできません。

このルールをしっかり頭に入れておきましょう。

値の参照ならglobal宣言は不要

関数内でグローバル変数の値を参照するだけならglobal宣言は必要ありません。具体例を示します。

```
tanka = 50
kazu = 120
def uriagedaka():
    print(tanka*kazu)
```

このプログラムは関数内でtanka、kazuの値を変更しないので、それらをglobal宣言していません。

7-2のポイント

- グローバル変数とローカル変数のスコープを理解する。
- Pythonでは関数内でグローバル変数の値を変更する場合には、global宣言する。

Section 7-3

日時を表示する

7-1「リアルタイム処理を行う」のプログラムを改良して、時刻と日付を表示します。

timeモジュールを用いる

タイム モジュールを用いて日時を取得し、それをラベルに表示します。

次のプログラムを入力して、ファイル名を付けて保存しましょう。

リスト▶ list0703_1.py

```
import tkinter                                  tkinterモジュールをインポート
import time                                     timeモジュールをインポート

def my_clock():                                 リアルタイム処理を行う関数を定義
    t = time.strftime("%X")                     変数tに現在の時刻の文字列を代入
    la1["text"] = t                             ラベル1にtの値を表示
    d = time.strftime("%x")                     変数dに現在の日付の文字列を代入
    la2["text"] = d                             ラベル2にdの値を表示
    root.after(1000, my_clock)                  1秒後に再びこの関数を実行する

root = tkinter.Tk()                             ウィンドウのオブジェクトを作る
root.geometry("300x120")                        ウィンドウのサイズを指定
la1 = tkinter.Label()                           ラベル1を作る
la1["font"] = ("Times New Roman", 30)           ラベル1のフォントを指定
la1.pack()                                      ラベル1を配置
la2 = tkinter.Label()                           ラベル2を作る
la2["font"] = ("Times New Roman", 30)           ラベル2のフォントを指定
la2.pack()                                      ラベル2を配置
my_clock()                                      リアルタイム処理を行う関数を実行
root.mainloop()                                 ウィンドウの処理を開始
```

このプログラムを実行すると、次ページの図7-3-1のように時刻と日付が表示され、時刻は1秒ごとに変化します。

図7-3-1　日時の表示

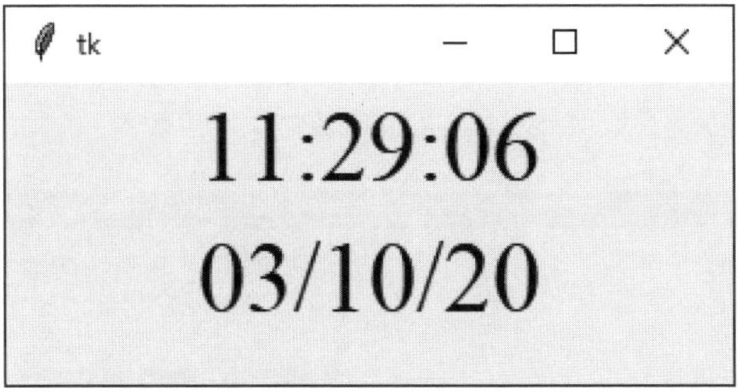

日時を取得するためにtimeモジュールをインポートします。現在の時刻は5行目のようにtime.strftime("%X")で、日付は7行目のようにtime.strftime("%x")で取得できます。

strtime()の使い方

strftime()命令の引数には次のような値を指定し、日時に関するさまざまな文字列を取得します。

表7-3-1　strtime()の主な引数

引数	取得できる文字列
%a	曜日名の短縮形
%A	曜日名
%b	月名の短縮形
%B	月名
%d	日付（01, 02,～31）
%H	時の24時間表記
%I	時の12時間表記
%M	分
%S	秒
%w	日曜日：0、月曜日：1～土曜日：7
%y	2桁の西暦（00, 01～99）
%Y	4桁の西暦（0000, 0001,～2020, 2021, ～9999）

list0703_1.pyの実行画面では、日付が月、日、西暦の順に並んでいます。この表の引数を用いて、西暦、月、日の順に並ぶようにします。

次のプログラムを入力して、ファイル名を付けて保存します。

リスト▶ list0703_2.py ※前のプログラムからの変更箇所が太字

```
import tkinter                                  tkinterモジュールをインポート
import time                                     timeモジュールをインポート

def my_clock():                                 リアルタイム処理を行う関数を定義
    t = time.strftime("%X")                     変数tに現在の時刻の文字列を代入
    la1["text"] = t                             ラベル1にtの値を表示
    d = timestrftime("%Y/%m/%d")                変数dに現在の西暦、月、日を代入
    la2["text"] = d                             ラベル2にdの値を表示
    root.after(1000, my_clock)                  1秒後に再びこの関数を実行する

root = tkinter.Tk()                             ウィンドウのオブジェクトを作る
root.geometry("300x120")                        ウィンドウのサイズを指定
la1 = tkinter.Label()                           ラベル1を作る
la1["font"] = ("Times New Roman", 30)           ラベル1のフォントを指定
la1.pack()                                      ラベル1を配置
la2 = tkinter.Label()                           ラベル2を作る
la2["font"] = ("Times New Roman", 30)           ラベル2のフォントを指定
la2.pack()                                      ラベル2を配置
my_clock()                                      リアルタイム処理を行う関数を実行
root.mainloop()                                 ウィンドウの処理を開始
```

このプログラムでは、日付が西暦、月、日の順に並びます（図7-3-2）。

図7-3-2　日時の表示2

7-3のポイント

- ✦ timeモジュールを用いると、現在の時刻や日付を取得できる。

Section 7-4 時計アプリの完成

7-3「日時を表示する」のプログラムを改良して見栄えを整えたら、ひとまず時計アプリの完成となります。

フレームに配置する

ここまでの学習ではGUIの部品を直接、ウィンドウ上に配置していました。そのような配置の仕方の他に、ラベルやボタンをフレーム（Frame）と呼ばれる部品に置いてから、そのフレームをウィンドウに配置する方法があります。

これから確認する完成版の時計アプリは、2つのラベルをフレームに置いて、そのフレームをウィンドウに配置しています。動作確認後に改めて説明します。

次ページのプログラムを入力して、ファイル名を付けて保存しましょう。

このプログラムを実行すると、時刻、日付、曜日が色の付いた文字で表示されます（図7-4-1）。

図7-4-1　時計アプリの完成

リスト▶ list0704.py ※フレームの生成と配置が太字

`import tkinter`	tkinterモジュールをインポート
`import time`	timeモジュールをインポート
`def my_clock():`	リアルタイム処理を行う関数を定義
`    la1["text"] = time.strftime("%X")`	ラベル1に現在の時刻を表示
`    la2["text"] = time.strftime("%Y/%m/%d")`	ラベル2に現在の日付を表示
`    la3["text"] = time.strftime("%A")`	ラベル3に現在の曜日を表示
`    root.after(1000, my_clock)`	1秒後に再びこの関数を実行する
`root = tkinter.Tk()`	ウィンドウのオブジェクトを作る
`root.geometry("300x120")`	ウィンドウのサイズを指定
`root.resizable(False, False)`	ウィンドウサイズを変更できなくする
`root["bg"] = "navy"`	ウィンドウの背景を紺色にする
`la1 = tkinter.Label(bg="navy", fg="skyblue")`	ラベル1の部品を作る
`la1["font"] = ("Times New Roman", 32)`	ラベル1のフォントを指定
`la1.pack()`	ラベル1をウィンドウに配置
`fr = tkinter.Frame(width=290, height=60, bg="black")`	フレームの部品を作る
`la2 = tkinter.Label(fr, bg="black", fg="gold")`	ラベル2の部品を作る
`la2["font"] = ("Times New Roman", 20)`	ラベル2のフォントを指定
`la2.place(x=20, y=10)`	ラベル2をフレームに配置
`la3 = tkinter.Label(fr, bg="black", fg="lime")`	ラベル3の部品を作る
`la3["font"] = ("Times New Roman", 20)`	ラベル3のフォントを指定
`la3.place(x=180, y=10)`	ラベル3をフレームに配置
`fr.pack()`	フレームをウィンドウに配置
`my_clock()`	リアルタイム処理を行う関数を実行
`root.mainloop()`	ウィンドウの処理を開始

12行目のroot.resizable(False, False)という記述でウィンドウの大きさを変更できなくしています。**resizable()**命令の1つ目の引数は横方向のサイズ変更を許可するか、2つ目の引数は縦方向のサイズ変更を許可するかです。Trueを指定するとサイズの変更を許可します。

17行目の**Frame()**命令で、幅、高さ、背景色を指定してフレームの部品を作っています。このフレーム上に2つのラベルを配置します。

ラベルをフレーム上に配置するので、18行目と21行目のLabel()命令の1つ目の引数をフレームのオブジェクトfrとしています。

フレームをウィンドウ上に置くことも、これまで部品を配置するのに使ってきたplace()やpack()で行います。このプログラムでは、24行目のfr.pack()でフレームをウィンドウに配置しています。

次に、GUIの各部品がどのように置かれているかを解説します (図7-4-2)。

図7-4-2 フレームを使ってGUIを配置

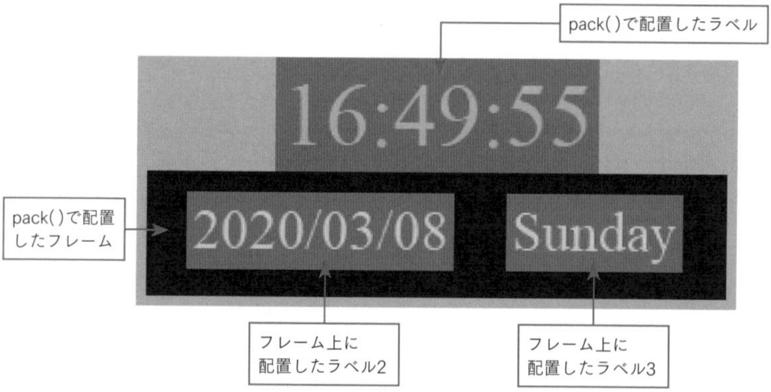

5～7行目で、

```
la1["text"] = time.strftime("%X")
la2["text"] = time.strftime("%Y/%m/%d")
la3["text"] = time.strftime("%A")
```

として、strftime()で用意した時刻、日付、曜日を、各ラベルに直接代入しているところにも注目してください。このように変数を介さずにラベルの文字列を書き換えることができます。

フレームの使い方

このプログラムは学習用のため、3つのラベルをシンプルに配置した構成になっており、フレームなしでも作ることができます。フレームはもっと複雑なレイアウトを構成するときや、配置した部品を何かのタイミングでまとめて非表示にしたいときなどに役に立ちます。

このプログラムでは、日付と曜日のラベルをフレーム上に置き、そのフレームをpack()命令でウィンドウ上に配置しています。例えば、後で日付と曜日を非表示にしたい場合には、fr.pack_forget()を実行すると配置されている2つのラベルごとフレームが表示されなくなります。

7-4のポイント

- Frame()命令でフレームという部品を作り、フレーム上に各種のGUIを配置する。
- GUIを配置したフレームをウィンドウ上に置き、ソフトウェアの画面を構成する。

Section 7-5

時計アプリの応用

Pythonを用いた仕事の自動化や効率化を学んでいきましょう。ここでは自動的に処理をさせる実例として、**7-4**「時計アプリの完成」で完成させた時計アプリに、決められた時刻にWebブラウザを起動させる機能を追加します。

Webブラウザを起動させる

決められた時刻になったら時計アプリがWebブラウザを起動するようにします。**Pythonに仕事をさせる**というイメージでこのプログラムを見てみましょう。動作確認後に、どのように改良して機能を加えたかを説明します。

次のプログラムを入力して、ファイル名を付けて保存しましょう。

リスト▶ list0705.py ※Webブラウザの起動に関する処理が太字

`import tkinter`	tkinterモジュールをインポート
`import time`	timeモジュールをインポート
`import webbrowser`	webbrowserモジュールをインポート
`def my_clock():`	リアルタイム処理を行う関数を定義
`    t = time.strftime("%X")`	変数tに現在の時刻を代入
`    la1["text"] = t`	ラベル1にtの値を表示
`    la2["text"] = time.strftime("%Y/%m/%d")`	ラベル2に現在の日付を表示
`    la3["text"] = time.strftime("%A")`	ラベル3に現在の曜日を表示
`    if(t == en1.get()):`	tの値がエントリー1の文字列と同じなら
`        webbrowser.open(en2.get())`	エントリー2のURLでWebブラウザを開く
`    root.after(1000, my_clock)`	1秒後に再びこの関数を実行する
`root = tkinter.Tk()`	ウィンドウのオブジェクトを作る
`root.geometry("300x200")`	ウィンドウのサイズを指定
`root.resizable(False, False)`	ウィンドウサイズを変更できなくする
`root["bg"] = "navy"`	ウィンドウの背景を紺色にする

`la1 = tkinter.Label(bg="navy", fg="skyblue")`	ラベル1を作る
`la1["font"] = ("Times New Roman", 32)`	ラベル1のフォントを指定
`la1.pack()`	ラベル1をウィンドウに配置
`fr = tkinter.Frame(width=290, height=60, bg="black")`	フレームを作る
`la2 = tkinter.Label(fr, bg="black", fg="gold")`	ラベル2を作る
`la2["font"] = ("Times New Roman", 20)`	ラベル2のフォントを指定
`la2.place(x=20, y=10)`	ラベル2をフレームに配置
`la3 = tkinter.Label(fr, bg="black", fg="lime")`	ラベル3を作る
`la3["font"] = la2["font"]`	ラベル3のフォントを指定
`la3.place(x=180, y=10)`	ラベル3をフレームに配置
`fr.pack()`	フレームをウィンドウに配置
`en1 = tkinter.Entry(width=30)`	エントリー1を作る
`en1["font"] = ("Times New Roman", 12)`	エントリー1のフォントを指定
`en1.place(x=20, y=130)`	エントリー1をウィンドウに配置
`en2 = tkinter.Entry(width=30)`	エントリー2を作る
`en2["font"] = en1["font"]`	エントリー2のフォントを指定
`en2.place(x=20, y=160)`	エントリー2をウィンドウに配置
`my_clock()`	リアルタイム処理を行う関数を実行
`root.mainloop()`	ウィンドウの処理を開始

プログラムを実行すると、時計アプリのウィンドウに2つのテキスト入力欄が表示されます。1行目に時刻を ****:**:**** という記述で、2行目に開きたいホームページのURLを入力してください。

例えば1、2分後の時刻と、「https://www.yahoo.co.jp/」や「https://www.google.co.jp/」などのURLを入力し、指定の時刻になるのを待ちましょう。

次ページの図7-5-1のようにWebブラウザが起動して、ホームページを開きます。

図7-5-1 時計アプリにWebブラウザを起動させる

実はそれほど難しい改良は行っていません。リアルタイム処理を行うmy_clock()関数の中で、6行目と10〜11行目のように、time.strftime("%X")で取得した現在時刻がエントリー1に入力された文字列と一致すれば、エントリー2に入力された文字列をURLとして、Webブラウザを起動する命令を実行しています。その部分を抜き出します。

```
t = time.strftime("%X")
  ≀
if(t == en1.get()):
    webbrowser.open(en2.get())
```

Webブラウザの起動は第2章で学びましたが、もう一度説明すると、Webブラウザを扱うためにwebbrowserモジュールをインポートし、webbrowser.open(URL)でURLを指定してWebブラウザを起動します。

このプログラムで、はじめて使ったテクニックを説明します。

26行目と33行目をご覧ください。26行目ではla3["font"] = la2["font"]として、ラベル2に設定したフォントをラベル3に代入しています。

33行目ではen2["font"] = en1["font"]として、エントリー1に設定したフォントをエントリー2に代入しています。

GUIの部品に設定したフォントや色など（**属性**といいます）は、部品の変数[属性名]を調べれば、そこに何が入っているか知ることができます。

7-5のポイント

- 時刻や日付を扱うことができれば、決められた日時にパソコンに仕事をさせることができる。

Column Pythonに円周率を計算させよう！

プログラミングが上達すればコンピュータに色々な仕事をさせることができます。ここではその例として、円周率の値をコンピュータに計算させる方法を紹介します。

これから紹介するのは、プログラミングの学習用の題材などに古くから使われている、円周率をモンテカルロ法で計算するプログラムです。**モンテカルロ法とは乱数を用いて数値計算やシミュレーションを行う手法のことです。**

モンテカルロ法で円周率をどのように計算するかを説明します。図7-C-1のように、一辺の長さnの正方形内にランダムに無数の点を打つとします。

図7-C-1 ランダムに点を打つ

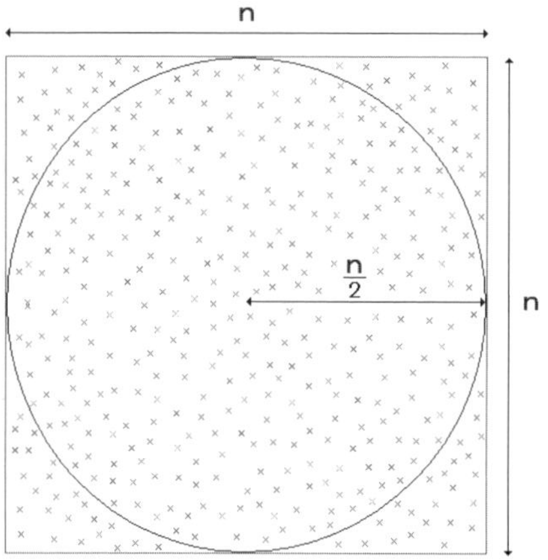

正方形の面積はn×nになります。

円の面積は半径×半径×πなので、この正方形内にぴったり接する円の面積は、

$\frac{n}{2} \times \frac{n}{2} \times \pi = n \times n \times \frac{\pi}{4}$になります。

つまり、正方形の面積と円の面積の比は、1： $\frac{\pi}{4}$であることがわかります。

正方形内にランダムに点を打つとき、打った回数を数えて、その点が円の中にあればその回数を数えます。点を打った回数をrp、その点が円の中だった回数をcpとすると、正方形と円の面積の比率から

$$1 : \frac{\pi}{4} = rp : cp$$

となるはずなので、$\pi = 4$*cp/rpという式を導くことができます。

モンテカルロ法で円周率を計算

この方法で円周率を計算する様子をみてみましょう。

次ページのプログラムを入力して、ファイル名を付けて保存してください。

リスト▶ list07_column.py ※リアルタイム処理を１万回行うので、パソコンによっては終了するまでに少し時間がかかります。

```
import tkinter
import random

pi = 0
rp = 0
cp = 0
def main():
    global pi, rp, cp
    x = random.randint(0, 200)
    y = random.randint(0, 200)
    col = "red"
    rp = rp + 1
    if (x-100)*(x-100)+(y-100)*(y-100) <= 100*100:
        col = "lime"
        cp = cp + 1
    ca.create_rectangle(x, y, x+1, y, fill=col, width=0)
    pi = 4*cp/rp
    la["text"] = pi
    if rp < 10000:
        root.after(1, main)
```

import tkinter	tkinterモジュールをインポート
import random	randomモジュールをインポート
pi = 0	計算した円周率の値を代入する変数
rp = 0	点を打った回数を数える変数
cp = 0	円の中に点を打った回数を数える変数
def main():	リアルタイム処理を行う関数を定義
global pi, rp, cp	これらをグローバル変数とする
x = random.randint(0, 200)	変数xに乱数を代入
y = random.randint(0, 200)	変数yに乱数を代入
col = "red"	変数colに赤(red)の文字列を代入
rp = rp + 1	点を打つ回数を数える
if (x-100)*(x-100)+(y-100)*(y-100) <= 100*100:	その点が円の中にあれば
col = "lime"	colに緑(lime)の文字列を代入
cp = cp + 1	円の中に点を打つ回数を数える
ca.create_rectangle(x, y, x+1, y, fill=col, width=0)	座標(x,y)にcolの色で点を打つ
pi = 4*cp/rp	円周率の値を計算してpiに代入
la["text"] = pi	piの値をラベルに表示
if rp < 10000:	10000回まで
root.after(1, main)	リアルタイム処理で計算を続ける

次ページへ続く

```

root = tkinter.Tk()                         ウィンドウのオブジェクトを作る
root.geometry("240x260")                    ウィンドウのサイズを指定
ca = tkinter.Canvas(width=200,              キャンバスを作る
height=200, bg="black")
ca.place(x=20, y=20)                        キャンバスを配置
la = tkinter.Label(font=("Times             ラベルを作る
New Roman", 12))
la.place(x=20, y=230)                       ラベルを配置
main()                                      リアルタイム処理を行う関数を実行
root.mainloop()                             ウィンドウの処理を開始
```

このプログラムを実行すると、図7-C-2のようにリアルタイムに点を打ちながら、円周率を計算していきます。

図7-C-2　実行結果

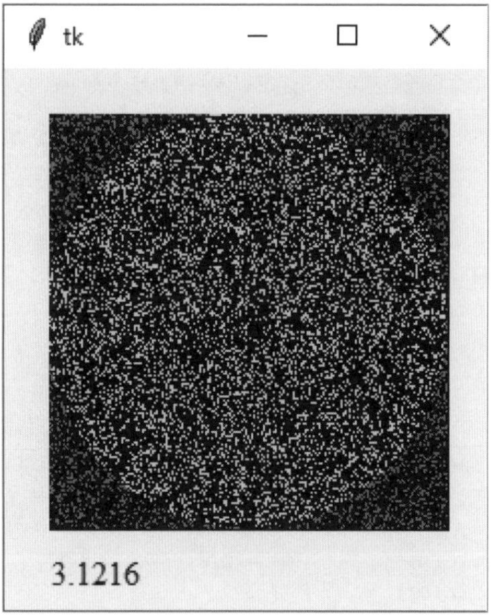

このプログラムでは、正方形の一辺の長さを200としています。

19～20行目で1万回、main()関数をリアルタイムに実行し、点を打つ様子を表示しながら円周率を計算しています。

9～10行目の乱数の(x,y)の位置に点を打ちます。打った回数は変数rpで数えます。その点が円の中にあれば変数cpで数えます。

点が円の中にあるかどうかは、13行目のif (x-100)*(x-100)+(y-100)*(y-100) <= 100*100: というif文で判定しています。このif文が難しいと思いますが、数学の2点間の距離を求める公式 $\sqrt{(x-x_o)^2+(y-y_o)^2}$ を使い、(x,y)と円の中心座標(100,100)の距離が半径100以下なら円の中にあると判定しています。

詳しく説明すると、円の中心を(x_o,y_o)としたとき、座標(x,y)は

$$\sqrt{(x-x_o)^2+(y-y_o)^2} \ <= \text{半径}$$

という条件式が成り立つなら円の中にあります。

この式の両辺を二乗すれば、ルートを用いずに

$$(x-x_o)^2+(y-y_o)^2 \ <= \text{半径の二乗}$$

と記述できます。これをif文の条件式としています。

そして初めに説明したように17行目のpi = 4*cp/rpという式で円周率を計算し、その値をラベルに表示しています。

MEMO

この方法で求める円周率は、正確な値の3.141592…にはなりません。コンピュータの乱数は疑似的に作り出される値（疑似乱数）であり、値に偏りが生じます。モンテカルロ法による計算は、数がより均一にばらまかれる理想的な乱数を用いて、より多くの試行を続ければ、正確な値に近付くといわれています。

面積比で円周率を求める

list07_column.pyを変更して、もう少し正確な円周率を求めることができます。次にそのプログラムを紹介します。モンテカルト法は用いず、正方形と円の面積の比から円周率の値を計算します。

次ページのプログラムを入力して、ファイル名を付けて保存してください。

次ページへ続く

リスト▶ list07_column2.py

```
import tkinter                          tkinterモジュールをインポート
import random                           randomモジュールをインポート

y = 0                                   点を打つY座標を代入する変数
pi = 0                                  計算した円周率の値を代入する変数
rp = 0                                  点を打った回数を数える変数
cp = 0                                  円の中に点を打った回数を数える変数
def main():                             リアルタイム処理を行う関数を定義
    global y, pi, rp, cp                これらをグローバル変数とする
    for x in range(400):                繰り返しxは0から399まで1ずつ増加
        col = "blue"                    変数colに青(blue)の文字列を代入
        rp = rp + 1                     点を打つ回数を数える
        if (x-200)*(x-200)+(y-200)*(y-200) <= 200*200:    (x,y)が円の中にあれば
            col = "cyan"                colに水色(cyan)の文字列を代入
            cp = cp + 1                 円の中に点を打つ回数を数える
        ca.create_rectangle(x, y, x+1, y, fill=col, width=0)    座標(x,y)にcolの色で点を打つ
    pi = 4*cp/rp                        円周率の値を計算してpiに代入
    la["text"] = pi                     piの値をラベルに表示
    y = y + 1                           yの値を1増やす
    if y < 400:                         yの値が400未満の間
        root.after(1, main)             リアルタイム処理で計算を続ける

root = tkinter.Tk()                     ウィンドウのオブジェクトを作る
root.geometry("420x450")                ウィンドウのサイズを指定
ca = tkinter.Canvas(width=400, height=400, bg="black")    キャンバスを作る
ca.place(x=10, y=10)                    キャンバスを配置
la = tkinter.Label(font=("Times New Roman", 12))    ラベルを作る
la.place(x=20, y=420)                   ラベルを配置
main()                                  リアルタイム処理を行う関数を実行
root.mainloop()                         ウィンドウの処理を開始
```

このプログラムを実行すると、図7-C-3のように正方形の中に円を描きながら円周率を計算します。

図7-C-3　実行結果

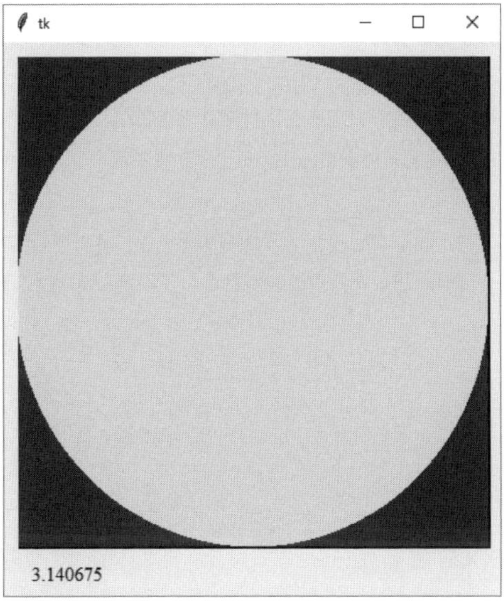

このプログラムでは正方形内部に、まんべんなく点を打ちます。点を打った回数を変数rpで数え、その点が円の中にあれば変数cpで回数を数えます。

rpの値が正方形の面積、cpの値が円の面積とみなすことができます。面積比から、前のlist07_column.pyと同じpi = 4*cp/rpという計算式で円周率を求めています。

リアルタイム処理への理解を深めながら、Pythonに仕事をさせるイメージをつかめるように、モンテカルロ法と面積比による円周率の計算を取り上げました。少し難しい内容ですから、すぐに理解できなくても大丈夫です。難しいと感じる方は「Pythonでこんなこともできるのか」と全体を眺めたら先へ進みましょう。

次ページへ続く

円周率を求める計算について

円周率を求める計算は、昔から数多くの方法が考え出されています。コンピュータの発明以前は、世界中の学者や識者が手計算で円周率を求めてきました。

有名な話では、紀元前に著名な数学者のアルキメデスが多角形を用いた計算で円周率を求めたそうです。

コンピュータが発明されると、円周率はコンピュータに計算させるものになりました。本書執筆時点で小数点以下30兆を超える桁まで、コンピュータで計算できているそうです。

円周率の計算に興味を持たれた方は、インターネットで検索すると、さまざまなサイトで色々な計算の方法を紹介する記事が見つかるので、参考にしてみましょう。

Chapter 8

テキストエディタを作ってみよう！

この章ではテキストエディタを制作しながら、文字コードの異なるファイルの読み込み方など、高度な知識を学んでいきます。
また、Pythonを使った作業の効率化・自動化の学習として、テキストエディタに文字列を操作する機能を追加します。

Section 8-1 スクロールバーを設置する

第6章で複数行の文字列を入力するテキストというGUIの使い方を学びました。テキストエディタはそのテキストを使って制作しますが、長い行数を入力できるようにスクロールバーを設置します。最初にスクロールバーの使い方を説明します。

Scrollbar()命令を使う

スクロールバーは、**Scrollbar()**という命令で作ります。

スクロールバーは第7章で学んだフレームを用いてテキストとセットにすることで機能します。その手順ですが、フレームにテキストとスクロールバーを配置し、テキストとスクロールバーを結び付けるいくつかの命令を記述します。やや複雑なプログラムになります。動作を確認した後に詳しく説明します。

次のプログラムを入力して、ファイル名を付けて保存します。

リスト▶ list0801.py

`import tkinter`	tkinterモジュールをインポート
`root = tkinter.Tk()`	ウィンドウのオブジェクトを作る
`root.title("スクロールバーの設置")`	ウィンドウのタイトルを指定
`fr = tkinter.Frame()`	フレームを作る
`fr.pack()`	フレームをウィンドウに配置
`te = tkinter.Text(fr, width=80, height=30)`	テキストを作る
`sc = tkinter.Scrollbar(fr, orient=tkinter.VERTICAL, command=te.yview)`	スクロールバーを作る
`sc.pack(side=tkinter.RIGHT, fill=tkinter.Y)`	スクロールバーをフレームに配置
`te.pack()`	テキストをフレームに配置
`te["yscrollcommand"] = sc.set`	テキストのyscrollcommandにバーをセット
`root.mainloop()`	ウィンドウの処理を開始

このプログラムを実行すると、ウィンドウにテキストが表示されます（図8-1-1）。テキストの中で Enter キーを押し、どんどん改行してください。カーソルが一番下まで行き、さらに改行を続けるとスクロールバーが機能します。

図8-1-1 テキストとスクロールバー

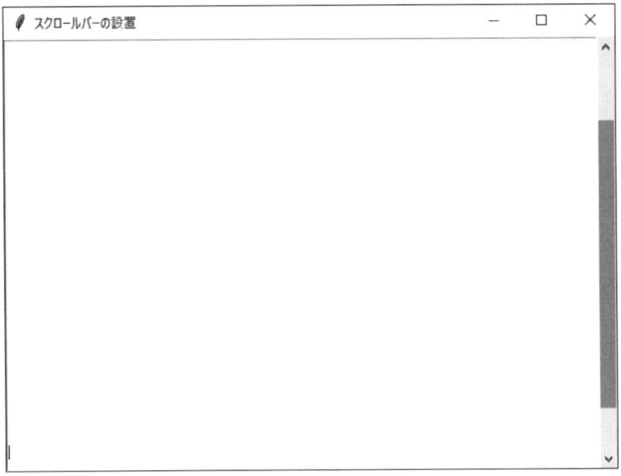

スクロールバーを使うには、テキストとスクロールバーをフレームに配置します。

フレームの部品は4行目で、frという変数名で用意しています。テキストをフレームに配置するので、6行目のText()命令の1つ目の引数とfrとしています。

スクロールバーは7行目のScrollbar()命令で作ります。こちらにも1つ目の引数にfrを指定します。

スクロールバーを作る書式は、次のようになります。

```
変数 = tkinter.Scrollbar(フレームの変数, orient=バーの向き,
command=テキストの変数.yview)
```

orient=でスクロールバーの向きを指定します。このプログラムではtkinter.VERTICALで垂直方向を指定し、command=の引数はテキストの変数.yviewとしています。これが、テキスト入力欄をスクロールバーで垂直方向（上下）にスクロールさせる指定です。

MEMO

キャンバスにもスクロールバーを設置できます。キャンバスを水平方向（左右）にスクロールさせたい場合には、これらの引数はtkinter.HORIZONTALとキャンバスの変数.xviewになります。

8行目でスクロールバーをフレームに配置しています。このとき、引数のside=とfill=でフレームのどちら側にバーを置くかを指定します。ここでは、side=tkinter.RIGHTとfill=tkinter.Yでフレーム右側に上下の向きで配置すると指定しています。

9行目でテキストをフレームに配置して、10行目でテキストのyscrollcommand属性にスクロールバーをセットします。これで、テキストの行数が増えたときにスクロールバーが機能します。

MEMO

9行目と10行目は入れ替えてもかまいません。また5行目のフレームの配置をroot.mainloop()の直前で行って大丈夫です。それ以外の行は、順番を変えるとスクロールバーが正常に設置されないことがあります。

ウィンドウを広げてみると…

このウィンドウを広げると、テキストの領域がウィンドウの大きさに合わせて変化しないことがわかります。**8-6**「テキストエディタの完成」でテキストエディタを完成させるときに、ウィンドウサイズに合わせテキストの領域も広がるようにします。

8-1のポイント

- Scrollbar()命令でスクロールバーを作る。
- テキストにスクロールバーを設置するにはフレームを用いる。

Section 8-2 メニューを作る

テキストエディタには、ファイルの読み込みや書き込みを行うためのメニューが必要です。ウィンドウにメニューバーを設置する方法を説明します。

Menu()命令を使う

メニューは、**Menu()**命令で作ります。メニューを作る手順は、まずMenu()命令でメニューバーとメニューコマンドを用意します。

add_command()命令でコマンドを追加して、add_cascade()命令でメニューバーに表示する文字列を指定します。そのようにして用意したメニューバーを、ウィンドウに設置します。

メニューを設置する方法もやや複雑な記述が必要なので、動作確認後に詳しく説明します。

次のプログラムを入力して、ファイル名を付けて保存します。

リスト▶ list0802.py ※メニューを用意して配置する処理が太字

`import tkinter`	tkinterモジュールをインポート
`def load_text():`	ファイルを読み込むための関数
`    pass`	まだ処理は記述していない
`def save_text():`	ファイルを書き込むための関数
`    pass`	まだ処理は記述していない
`root = tkinter.Tk()`	ウィンドウのオブジェクトを作る
`root.title("メニューバーの追加")`	ウィンドウのタイトルを指定
`fr = tkinter.Frame()`	フレームを作る
`fr.pack()`	フレームをウィンドウに配置
`te = tkinter.Text(fr, width=80, height=30)`	テキストを作る
`sc = tkinter.Scrollbar(fr, orient=tkinter.VERTICAL, command=te.yview)`	スクロールバーを作る
`sc.pack(side=tkinter.RIGHT, fill=tkinter.Y)`	スクロールバーをフレームに配置

16	`te.pack()`	テキストをフレームに配置
17	`te["yscrollcommand"] = sc.set`	テキストのyscrollcommandにバーをセット
18	**`mbar = tkinter.Menu()`**	メニューバーを作る
19	**`mcom = tkinter.Menu(mbar, tearoff=0)`**	メニューコマンドを作る
20	**`mcom.add_command(label="読み込み", command=load_text)`**	コマンドを追加する
21	**`mcom.add_separator()`**	コマンドの区切り線を追加する
22	**`mcom.add_command(label="書き込み", command=save_text)`**	コマンドを追加する
23	**`mbar.add_cascade(label="ファイル", menu=mcom)`**	バーに表示する文字とコマンドを設定
24	**`root["menu"] = mbar`**	メニューバーを設置
25	`root.mainloop()`	ウィンドウの処理を開始

このプログラムを実行すると、図8-2-1のようにウィンドウにメニューが表示されます。

図8-2-1 メニューの設置

メニューを設置するには、まず18行目のようにメニューバーの変数 = tkinter.Menu()としてメニューバーを用意します。

次に19行目のようにコマンドの変数 = tkinter.Menu(メニューバーの変数, tearoff=0) と記述してコマンドを用意するための変数を作ります。

tearoff=0を記述しないとメニューをクリックして切り離すことができますが、その機能は不要なのでtearoff=0を指定します。

コマンドの変数に20〜22行目でコマンドを追加しています。追加はコマンドの変数.**add_command(**label=文字列, command=実行する関数**)** と記述して行います。**add_separator()** 命令を用いると、コマンドとコマンドの間に区切り線が入ります。

このプログラムではload_text()関数とsave_text()関数を定義し、コマンドを選ぶとそれらの関数を実行するようにしていますが、関数の処理を記述していないので、コマンドを選んでもまだ何も起きません。load_text()関数とsave_text()関数には、何もしないことをPythonに指示する**pass**という命令を記述しています。

23行目のように、メニューバーの変数.**add_cascade(** label=メニューの文字列, menu=コマンドの変数**)** と記述すると、メニューバーにその文字列が表示され、そこをクリックするとコマンド一覧が開くようになります。

最後に**root["menu"] =** メニューバーの変数と記述して、ウィンドウにメニューバーを設置します。これでメニューが機能するようになります。

MEMO

少し複雑な手順ですが、頭を悩ませる必要はありません。Pythonのtkinterで作ったウィンドウにメニューを設置するには、こう記述するものだと考えましょう。

8-2のポイント

- メニューを作るにはMenu()命令、add_command()命令、add_cascade()命令を用いる。
- メニューバーをウィンドウに設置するには、root["menu"] = メニューバーの変数 とする。
- 関数を宣言しておき、後で処理を用意したいときは、関数のブロックにpassと記述しておく。

Section 8-3 ファイルダイアログの使い方

ファイルダイアログとはファイル名を入力しやすくするために開く、ファイル一覧を表示した小さなウィンドウのことです。ファイルダイアログの使い方を説明し、次節よりファイルの読み書き処理を追加します。

tkinter.filedialogモジュールを用いる

ファイルダイアログを使うには、tkinter.filedialogモジュールをインポートします。ファイルを開くためのダイアログは**askopenfilename()**命令で、保存するためのダイアログは**asksaveasfilename()**で表示します。

ここでは、askopenfilename()を用いたプログラムを確認します。

次のプログラムを入力して、ファイル名を付けて保存します。

リスト▶ list0803.py ※ファイルダイアログに関する処理が太字

`import tkinter`	tkinterをインポート
`import tkinter.filedialog`	tkinter.filedialogをインポート
`def load_text():`	ファイルを読み込むための関数
`    typ = [("Text","*.txt"),("Python","*.py")]`	ファイルタイプの指定を変数で用意
`    fn = tkinter.filedialoaskopenfilename(filetypes=typ)`	ファイルダイアログを開く
`def save_text():`	ファイルを書き込むための関数
`    pass`	まだ処理は記述していない
`root = tkinter.Tk()`	ウィンドウのオブジェクトを作る
`root.title("メニューバーの追加")`	ウィンドウのタイトルを指定
`fr = tkinter.Frame()`	フレームを作る
`fr.pack()`	フレームをウィンドウに配置
`te = tkinter.Text(fr, width=80, height=30)`	テキストを作る
`sc = tkinter.Scrollbar(fr, orient=tkinter.VERTICAL, command=te.yview)`	スクロールバーを作る

17	`sc.pack(side=tkinter.RIGHT, fill=tkinter.Y)`	スクロールバーをフレームに配置
18	`te.pack()`	テキストをフレームに配置
19	`te["yscrollcommand"] = sc.set`	テキストのyscrollcommandにバーをセット
20	`mbar = tkinter.Menu()`	メニューバーを作る
21	`mcom = tkinter.Menu(mbar, tearoff=0)`	メニューコマンドを作る
22	`mcom.add_command(label="読み込み", command=load_text)`	コマンドを追加する
23	`mcom.add_separator()`	コマンドの区切り線を追加する
24	`mcom.add_command(label="書き込み", command=save_text)`	コマンドを追加する
25	`mbar.add_cascade(label="ファイル", menu=mcom)`	バーに表示する文字とコマンドを設定
26	`root["menu"] = mbar`	メニューバーを設置
27	`root.mainloop()`	ウィンドウの処理を開始

このプログラムを実行して、「ファイル」メニューの「読み込み」を選択すると、図8-3-1のようにファイルダイアログが表示されます。

図8-3-1　ファイルダイアログ

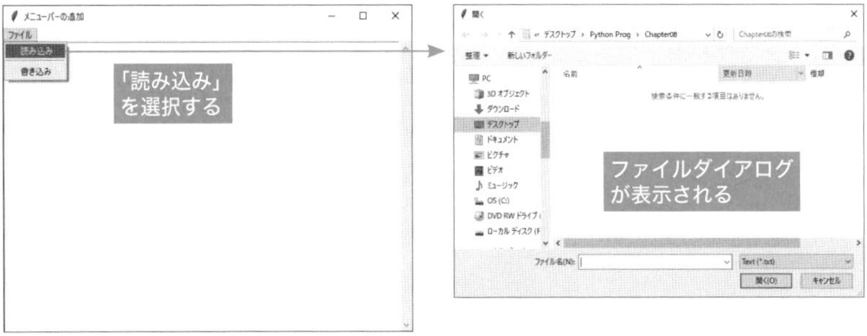

ファイルダイアログを用いるために、2行目でtkinter.filedialogをインポートしています。

5～6行目の次の記述でファイルダイアログを表示しています。

```
typ = [("Text","*.txt"), ("Python","*.py")]
fn = tkinter.filedialog.askopenfilename(filetypes=typ)
```

askopenfilename()のfiletypes=という引数で、開いたり保存したりするファイル形式を指定します。指定するファイル形式はリストとタプルで、[(何のファイルか, 拡張子)] と記述します。複数の形式を指定する場合には、(何のファイルか, 拡張子)を羅列します。

拡張子に記した*は**ワイルドカード**と呼ばれ、どんな文字列にもマッチするという意味の記号です。つまり、***.txt**はテキスト形式のすべてのファイル、***.py**はすべてのPythonのプログラムファイルを表しています。

MEMO

第4章でタプルについて簡単に説明しました（113ページ参照）。タプルとは値を変更できないリストのことで、(データ0, データ1, データ2, …)と()で記述します。
ファイルタイプの指定は、[(), (), () …] とリストとタプルで記すことでプログラムが見やすくなります。

8-3のポイント

- ファイルダイアログを用いるには、tkinter.filedialogモジュールをインポートする。
- filedialog.askopenfilename()やfiledialog.asksaveasfilename()命令でfiletypes=という引数でファイル形式を指定し、ダイアログを表示する。

Section 8-4 ファイルを読み込む

第４章でファイル操作を一通り学びましたが、Pythonでテキストファイルを正しく読み込むには、あるテクニックが必要です。ここでは、そのテクニックが必要な理由と、どのようにプログラムを記述すれば良いかを説明します。

テキストファイルの文字コード

文字コードとはテキストファイル内の文字が、どのようなコードで表現されているかを意味する言葉です。文字コードには複数の種類があり、テキストエディタの多くは、入力した文字列をファイルに保存するとき、文字コードの形式（保存形式）を選べるようになっています。

Pythonのエディタウィンドウに入力したプログラムは、自動的に**UTF-8**という文字コードで保存されます。MacではテキストファイルはUTF-8形式やMacOS形式などで保存されます。

テキストファイルの文字コードはUTF-8が用いられることが多くなりましたが、Windowsの「メモ帳」などで作ったファイルは、一昔前まで自動的に**Shift-JIS**で保存されていたので、世の中にはShift-JIS形式のテキストファイルがたくさん存在します。

MEMO

Windowsのテキストファイルは必ずShift-JISというわけではなく、テキストエディタによっては以前からUTF-8などで保存されています。またWindowsの新しい「メモ帳」ではUTF-8などの保存形式を選べるようになりました。

テキストファイルは一見しただけでは、どの文字コードで保存されているのかわかりません。そして間違った文字コードの形式でファイルを開こうとすると、不具合が発生することがあります。例えばShift-JIS形式で保存されたファイルをUTF-8形式で開こうとすると、読み込めなかったり、読み込めても**文字化け**が起こります。

Pythonでテキストファイルを扱うときもそうです。保存された形式以外で開こうとするとエラーが発生します。プログラムでファイルを読み込むときには、そのテキストがどの文字コードで保存されていても、不具合が起きないようにしなくてはなりません。
次に、保存形式の違うファイルを正しく読み込む方法を説明します。

例外処理でエラーを回避する

テキストファイルの多くはUTF-8かShift-JIS形式で保存されているので、そのどちらかを指定すれば、ほとんどのファイルを開くことができます。初めにUTF-8形式でファイルを開き、エラーになるならShift-JIS形式で開けば、多くのファイルを読み込むことができます。
Pythonではプログラム実行中に発生したエラーを**try-catch-finally**という命令で捕らえ、対処することができます。
これを、**例外処理**といいます。例外処理は次のように記述します。

```
try:
  例外（エラー）が発生する可能性のある処理 ……… ❶
catch:
  例外が発生したときに行う処理 ……… ❷
finally:
  例外が発生してもしなくても必ず行う処理 ……… ❸
```

❶でUTF-8形式を指定してファイルを読み込み、エラーになったら❷でShift-JIS形式で読み込むようにすると、エラーを回避して処理を進めることができます。

プログラムの確認

文字コードの異なるファイルを、例外処理を用いて正しく読み込むプログラムを確認します。**このプログラムはShift-JISとUTF-8形式の2種類のテキストファイルを用いて確認します。**
本書のサポートページからダウンロードできるZIPファイルに入っている「Chapter08」フォルダには、次ページの図8-4-1のような2種類のテキストファイルが入っています。

図8-4-1　Shift-JISとUTF-8形式のテキストファイル

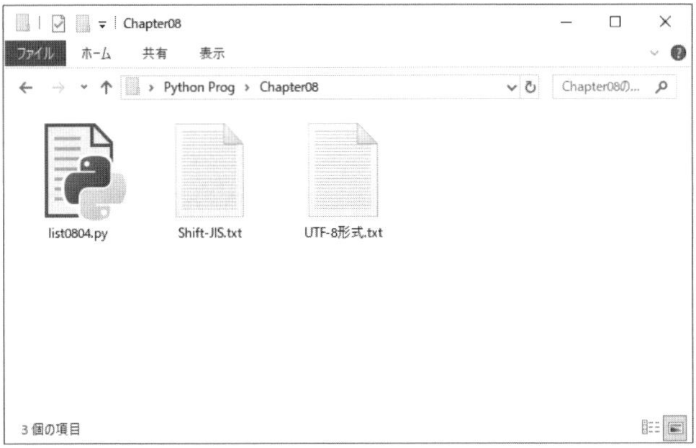

次のプログラムを入力し、ファイル名を付けて保存します。

リスト▶　list0804.py　※ファイルを読み込む処理が太字

```
01  import tkinter                           tkinterをインポート
02  import tkinter.filedialog                tkinter.filedialog
03                                           をインポート
04  def load_text():                         ファイルを読み込むための関数
05      typ = [("Text","*.txt"),             ファイルタイプの指定を
    ("Python","*.py")]                       変数で用意
06      fn = tkinter.filedialog.             ファイルダイアログを開く
    askopenfilename(filetypes=typ)
07      if fn != "":                         ファイル名が指定されたら
08          f = None                         変数fを初期値Noneで宣言
09          try:                             例外処理で
10              f = open(fn, 'r',            UTF-8形式でファイルを開く
    encoding="utf-8")
11              te.delete("1.0", "end")      テキスト全体を削除
12              te.insert("1.0", f.read())   テキストにファイルの中身を挿入
13          except:                          UTF-8形式で読み込めないなら
14              f = open(fn, 'r',            Shift-JIS形式で開く
    encoding="shift-jis")
15              te.delete("1.0", "end")      テキスト全体を削除
16              te.insert("1.0", f.read())   テキストにファイルの中身を挿入
17          finally:                         必ず行う処理で
18              if f != None:                ファイルを開いたのであれば
19                  f.close()                それを閉じる
20
```

`def save_text():`	ファイルを書き込むための関数
`    pass`	まだ処理は記述していない
`root = tkinter.Tk()`	ウィンドウのオブジェクトを作る
`root.title("ファイルの読み込み")`	ウィンドウのタイトルを指定
`fr = tkinter.Frame()`	フレームを作る
`fr.pack()`	フレームをウィンドウに配置
`te = tkinter.Text(fr, width=80, height=30)`	テキストを作る
`sc = tkinter.Scrollbar(fr, orient=tkinter.VERTICAL, command=te.yview)`	スクロールバーを作る
`sc.pack(side=tkinter.RIGHT, fill=tkinter.Y)`	スクロールバーをフレームに配置
`te.pack()`	テキストをフレームに配置
`te["yscrollcommand"] = sc.set`	テキストのyscrollcommandにバーをセット
`mbar = tkinter.Menu()`	メニューバーを作る
`mcom = tkinter.Menu(mbar, tearoff=0)`	メニューコマンドを作る
`mcom.add_command(label="読み込み", command=load_text)`	コマンドを追加する
`mcom.add_separator()`	コマンドの区切り線を追加する
`mcom.add_command(label="書き込み", command=save_text)`	コマンドを追加する
`mbar.add_cascade(label="ファイル", menu=mcom)`	バーに表示する文字とコマンドを設定
`root["menu"] = mbar`	メニューバーを設置
`root.mainloop()`	ウィンドウの処理を開始

このプログラムを実行して、「ファイル」メニューの「読み込み」を選択し、Shift-JISとUTF-8形式のテキストファイルを読み込ませてみましょう。

次ページの図8-4-2のように、どちらも正しく読み込むことができます。

図8-4-2 保存形式の違うファイルの読み込み

6行目で読み込み用のファイルダイアログを開いています。ダイアログでファイル名が指定されると、それが変数fnに文字列として代入されます。7行目のif文でファイル名が代入されていたら、ファイルを開く処理を行います。

9～19行目が例外処理を用いたファイルの読み込みです。9行目のtryのブロックでファイルをUTF-8形式で開きます。そこでエラーが発生するとファイルの読み込みは行われず、13行目のexceptのブロックが実行されます。exceptのブロックでは、Shift-JIS形式でファイルを開いています。

17行目のfinallyのブロックは、エラーが発生してもしなくても必ず実行されます。8行目でf = Noneとして変数を宣言して、f = open()でファイルを開きますが、ファイルを開くとfはNoneでなくなるので、finallyのブロックでファイルを閉じるclose()命令を実行します。

ファイルの読み込みに成功したら、テキスト入力欄全体をdelete()命令で削除し、insert()命令でテキストファイルの中身を追加しています。その際、insert("1.0", f.read())とファイルを読み込むread()命令を引数に記述し、プログラムを簡潔に書いています。

文字コードはUTF-8やShift-JIS以外にも複数の種類があるので、その他の形式で保存されたファイルを読み込む必要がある場合には、encoding=の指定を変更します。

ここで学んだ文字コードと例外処理の知識は、ビジネスアプリケーション開発に必須となるものなので、よく覚えておきましょう。

8-4のポイント

- テキストファイルはUTF-8やShift-JISなどの文字コードで保存されている。
- 例外処理のtry-catch-finallyで、プログラム実行中に発生したエラーを回避できる。

Section 8-5 ファイルに書き込む

テキスト入力欄の文字列をファイルに書き込む処理を追加します。

asksaveasfilename()命令を使う

ファイルの読み込みでは、askopenfilename()でファイルダイアログを表示しました。書き込むときには、asksaveasfilename()命令を用います。

テキストデータをファイルに保存する処理を確認します。

次のプログラムを入力して、ファイル名を付けて保存します。

リスト▶ list0805.py ※ファイルに書き込む処理が太字

`import tkinter`	tkinterをインポート
`import tkinter.filedialog`	tkinter.filedialogをインポート
`def load_text():`	ファイルを読み込むための関数
`    typ = [("Text","*.txt"),("Python","*.py")]`	ファイルタイプの指定を変数で用意
`    fn = tkinter.filedialog.askopenfilename(filetypes=typ)`	ファイルダイアログを開く
`    if fn != "":`	ファイル名が指定されたら
`        f = None`	変数fを初期値Noneで宣言
`        try:`	例外処理で
`            f = open(fn, 'r', encoding="utf-8")`	UTF-8形式でファイルを開く
`            te.delete("1.0", "end")`	テキスト全体を削除
`            te.insert("1.0", f.read())`	テキストにファイルの中身を挿入
`        except:`	UTF-8形式で読み込めないなら
`            f = open(fn, 'r', encoding="shift-jis")`	Shift-JIS形式で開く
`            te.delete("1.0", "end")`	テキスト全体を削除
`            te.insert("1.0", f.read())`	テキストにファイルの中身を挿入
`        finally:`	必ず行う処理
`            if f != None:`	ファイルを開いたのであれば
`                f.close()`	それを閉じる

`def save_text():`	ファイルを書き込むための関数
`    typ = [("Text","*.txt")]`	ファイルタイプの指定を変数で用意
`    fn = tkinter.filedialog.asksaveasfilename(filetypes=typ)`	ファイルダイアログを開く
`    if fn != "":`	ファイル名が指定されたら
`        if fn[-4:] != ".txt":`	末尾4文字を調べ.txtでないなら
`            fn = fn + ".txt"`	拡張子を追加する
`        with open(fn, 'w', encoding="utf-8") as f:`	ファイルを開く
`            f.write(te.get("1.0", "end-1c"))`	テキストの文字列を書き込む
`root = tkinter.Tk()`	ウィンドウのオブジェクトを作る
`root.title("ファイルの書き込み")`	ウィンドウのタイトルを指定
`fr = tkinter.Frame()`	フレームを作る
`fr.pack()`	フレームをウィンドウに配置
`te = tkinter.Text(fr, width=80, height=30)`	テキストを作る
`sc = tkinter.Scrollbar(fr, orient=tkinter.VERTICAL, command=te.yview)`	スクロールバーを作る
`sc.pack(side=tkinter.RIGHT, fill=tkinter.Y)`	スクロールバーをフレームに配置
`te.pack()`	テキストをフレームに配置
`te["yscrollcommand"] = sc.set`	テキストのyscrollcommandにバーをセット
`mbar = tkinter.Menu()`	メニューバーを作る
`mcom = tkinter.Menu(mbar, tearoff=0)`	メニューコマンドを作る
`mcom.add_command(label="読み込み", command=load_text)`	コマンドを追加する
`mcom.add_separator()`	コマンドの区切り線を追加する
`mcom.add_command(label="書き込み", command=save_text)`	コマンドを追加する
`mbar.add_cascade(label="ファイル", menu=mcom)`	バーに表示する文字とコマンドを設定
`root["menu"] = mbar`	メニューバーを設置
`root.mainloop()`	ウィンドウの処理を開始

このプログラムを実行して「ファイル」メニューの「読み込み」を選択すると、ファイルダイアログでテキストに入力した文字列を保存できます（図8-5-1）。

図8-5-1　ファイルの書き込み

保存したテキストファイルをWindowsの「メモ帳」やMacの「テキストエディット」で開いてみましょう。正しく保存されていることがわかります。

ファイルを保存するsave_text()関数を抜き出して説明します。

```
def save_text():
    typ = [("Text","*.txt")]
    fn = tkinter.filedialog.asksaveasfilename(filetypes=typ)
    if fn != "":
        if fn[-4:] != ".txt":
            fn = fn + ".txt"
        with open(fn, 'w', encoding="utf-8") as f:
            f.write(te.get("1.0", "end-1c"))
```

tkinter.filedialog.asksaveasfilename()でファイルタイプを指定してダイアログを開きます。保存するファイル名を入力し、「保存」ボタンをクリックすると、変数fnにファイル名が代入されます。

ファイル名が代入されたらwith open() asでファイルを開き、write()命令でテキスト入力欄全体の文字列を書き込んでいます。保存するファイルの文字コードはUTF-8形式を指定しています。

保存前にif fn[-4:] != ".txt":というif文で、ファイル名の末尾の4文字が「.txt」であるかを調べ、そうでない場合にはファイル名に「.txt」を加えています。これはファイル名に拡張子が付いているかを調べて、付いていないときに拡張子を付けているのです。

Macではこのif文を省くことができます。これは、Macのファイルダイアログではファイル名に拡張子を付けなくても、自動的に拡張子が付いた文字列が返るからです。

MEMO

文字列の末尾は、endswith()という命令でも調べることができます。endswith()の使い方は、本章末の**Column**（245ページ参照）で説明します。

文字の抽出

最後に、fn[-4:]という書式について詳しく説明します。

Pythonでは文字列の入った変数をsとするとき、s[start:stop]という書式で文字の抽出ができます。

例1
```
s = "ABCDEFG"
s[0:3] → ABC
s[5:7] → FG
s[3:] → DEFG

マイナスの値でも指定できます
s[-4:-2] → DE
s[-3:] → EFG
s[:-2] → ABCDE
```

文字列の最初の1文字目が[0]になります。リストの添え字が0から始まるのと一緒です。マイナスの値で指定すると、文字列の末尾から数えます。

全角文字にも対応しています。

例2
```
s = "あいうえおかきくけこ"
s[:3] → あいう
s[-5:-3] → かき
```

Pythonでは、このように簡単に文字列を抽出できます。変数[start:stop]という書式は、文字列を扱うプログラムで便利に使えます。

MEMO
ビジネスアプリケーション開発では文字列を扱う機会も多いので、変数[start:stop]の書式を覚えておくと役に立ちます。

8-5のポイント

- with open() asとwrite()でファイルの書き込みを行う。
- Pythonには、文字列を抽出できる変数[start:stop]という書式がある。

Section 8-6
テキストエディタの完成

最後に細部を調整して、いよいよテキストエディタを完成させます。

ウィンドウサイズに合わせてテキストを広げる

ウィンドウの大きさを変更すると、テキストの領域もウィンドウサイズに合わせて変更されるようにします。それから、メニューにテキストエディタの背景色を選べるコマンドを加えて完成させます。動作確認後に追加した箇所を説明します。

次のプログラムを入力して、ファイル名を付けて保存します。

リスト▶ list0806.py

```
import tkinter                                          tkinterをインポート
import tkinter.filedialog                               tkinter.filedialogをインポート

def load_text():                                        ファイルを読み込むための関数
    typ = [("Text","*.txt"),("Python","*.py")]          ファイルタイプの指定を変数で用意
    fn = tkinter.filedialog.askopenfilename(filetypes=typ)   ファイルダイアログを開く
    if fn != "":                                        ファイル名が指定されたら
        f = None                                        変数fを初期値Noneで宣言
        try:                                            例外処理で
            f = open(fn, 'r', encoding="utf-8")         UTF-8形式でファイルを開く
            te.delete("1.0", "end")                     テキスト全体を削除
            te.insert("1.0", f.read())                  テキストにファイルの中身を挿入
        except:                                         UTF-8形式で読み込めないなら
            f = open(fn, 'r', encoding="shift-jis")     Shift-JIS形式で開く
            te.delete("1.0", "end")                     テキスト全体を削除
            te.insert("1.0", f.read())                  テキストにファイルの中身を挿入
```

`finally:`	必ず行う処理
`        if f != None:`	ファイルを開いたのであれば
`            f.close()`	それを閉じる
`def save_text():`	ファイルを書き込むための関数
`    typ = [("Text","*.txt")]`	ファイルタイプの指定を変数で用意
`    fn = tkinter.filedialog.asksaveasfilename(filetypes=typ)`	ファイルダイアログを開く
`    if fn != "":`	ファイル名が指定されたら
`        if fn[-4:] != ".txt":`	末尾4文字を調べ.txtでないなら
`            fn = fn + ".txt"`	拡張子を追加する
`        with open(fn, 'w', encoding="utf-8") as f:`	ファイルを開く
`            f.write(te.get("1.0", "end-1c"))`	テキストの文字列を書き込む
`def col_black():`	テキストの色を設定する関数
`    te.configure(bg="black", fg="white", insertbackground="white")`	背景を黒、文字を白にする
`def col_white():`	テキストの色を設定する関数
`    te.configure(bg="white", fg="black", insertbackground="black")`	背景を白、文字を黒にする
`root = tkinter.Tk()`	ウィンドウのオブジェクトを作る
`root.title("テキストエディタ")`	ウィンドウのタイトルを指定
`fr = tkinter.Frame()`	フレームを作る
`fr.pack(expand=True, fill=tkinter.BOTH)`	フレームをウィンドウに配置
`te = tkinter.Text(fr, width=80, height=30)`	テキストを作る
`sc = tkinter.Scrollbar(fr, orient=tkinter.VERTICAL, command=te.yview)`	スクロールバーを作る
`sc.pack(side=tkinter.RIGHT, fill=tkinter.Y)`	スクロールバーをフレームに配置
`te.pack(expand=True, fill=tkinter.BOTH)`	テキストをフレームに配置
`te["yscrollcommand"] = sc.set`	テキストのyscrollcommandにバーをセット

Chapter 8 テキストエディタを作ってみよう！

45	`mbar = tkinter.Menu()`	メニューバーを作る
46	`mcom = tkinter.Menu(mbar, tearoff=0)`	メニューコマンドを作る
47	`mcom.add_command(label="読み込み", command=load_text)`	コマンドを追加する
48	`mcom.add_separator()`	コマンドの区切り線を追加する
49	`mcom.add_command(label="書き込み", command=save_text)`	コマンドを追加する
50	`mbar.add_cascade(label="ファイル", menu=mcom)`	バーに表示する文字とコマンドを設定
51	`mcom2 = tkinter.Menu(mbar, tearoff=0)`	メニューコマンドをもう1つ作る
52	`mcom2.add_command(label="黒", command=col_black)`	色設定のコマンドを追加する
53	`mcom2.add_command(label="白", command=col_white)`	色設定のコマンドを追加する
54	`mbar.add_cascade(label="背景色", menu=mcom2)`	バーに表示する文字とコマンドを設定
55	`root["menu"] = mbar`	メニューバーを設置
56	`root.mainloop()`	ウィンドウの処理を開始

このプログラムを実行して、メニューの「背景色」で黒を選び、背景が黒、文字が白になることを確認しましょう（図8-6-1）。またウィンドウの大きさを変えると、テキスト入力欄の大きさも変わることを確認しましょう。

図8-6-1 テキストエディタの完成

テキストの領域がウィンドウの大きさに合わせて変わるようにするには、フレームをウィンドウに配置するpack()命令の引数で、39行目のようにexpand=Trueとfill=tkinter.BOTHを指定します。

そして、テキストをフレームに配置するpack()にも、43行目のようにexpand=Trueとfill=tkinter.BOTHを記述します。

テキストの色指定を行うメニューの追加を、51〜54行目で行っています。その手順はファイルを扱うメニューを作ったときと一緒です。

Menu()命令でコマンドの変数を用意して、add_command()でコマンドを追加し、add_cascade()でメニューバーにコマンドを配置します。

30〜31行目と33〜34行目で、テキストの色を変更するcol_black()とcol_white()という2つの関数を定義しています。

ここでは、col_black()関数を抜き出して説明します。

```
def col_black():
    te.configure(bg="black", fg="white", insertbackground="white")
```

configure()命令でテキストの背景色（bg=）、文字の色（fg=）、カーソルの色（insertbackground=）をまとめて変更しています。

また、configure()を使わずに、

```
te["bg"] = "black"
te["fg"] = "white"
te["insertbackground"] = "white"
```

と記述することもできます。

MEMO

configure()命令は、属性をまとめて変更したいときに使うと便利です。

8-6のポイント

- フレームとテキストを配置するとき、pack()の引数をexpand=Trueとfill=tkinter.BOTHとすると、ウィンドウサイズに合わせてテキストの領域が変わるようになる。
- configure()命令でGUIの属性をまとめて変更できる。

Section 8-7 半角カタカナを全角に置換する

8-6「テキストエディタの完成」で作成したテキストエディタに、カタカナの半角文字を全角文字に置換する機能を組み込み、自動処理に関する知識を深めます。

半角のカタカナについて

コンピュータの文字は半角と全角があり、かつてはカタカナの半角文字もよく使われていました。現在は半角カタカナを使う機会は減りましたが、例えば古い文書ファイルに半角カタカナが混じっていることがあります。

ここでは自動処理の学習として、カタカナの半角文字を一括して全角文字に置換する機能を、テキストエディタに追加します。

次のプログラムを入力して、ファイル名を付けて保存します。

リスト▶ list0807.py

`import tkinter`	tkinterをインポート
`import tkinter.filedialog`	tkinter.filedialogをインポート
`def load_text():`	ファイルを読み込むための関数
`    typ = [("Text","*.txt"),("Python","*.py")]`	ファイルタイプの指定を変数で用意
`    fn = tkinter.filedialog.askopenfilename(filetypes=typ)`	ファイルダイアログを開く
`    if fn != "":`	ファイル名が指定されたら
`        f = None`	変数fを初期値Noneで宣言
`        try:`	例外処理で
`            f = open(fn, 'r', encoding="utf-8")`	UTF-8形式でファイルを開く
`            te.delete("1.0", "end")`	テキスト全体を削除
`            te.insert("1.0", f.read())`	テキストにファイルの中身を挿入
`        except:`	UTF-8形式で読み込めないなら
`            f = open(fn, 'r', encoding="shift-jis")`	Shift-JIS形式で開く

`            te.delete("1.0", "end")`	テキスト全体を削除
`            te.insert("1.0", f.read())`	テキストにファイルの中身を挿入
`        finally:`	必ず行う処理
`            if f != None:`	ファイルを開いたのであれば
`                f.close()`	それを閉じる
`def save_text():`	ファイルを書き込むための関数
`    typ = [("Text","*.txt")]`	ファイルタイプの指定を変数で用意
`    fn = tkinter.filedialog.asksaveasfilename(filetypes=typ)`	ファイルダイアログを開く
`    if fn != "":`	ファイル名が指定されたら
`        if fn[-4:] != ".txt":`	末尾4文字を調べ.txtでないなら
`            fn = fn + ".txt"`	拡張子を追加する
`        with open(fn, 'w', encoding="utf-8") as f:`	ファイルを開く
`            f.write(te.get("1.0", "end-1c"))`	テキストの文字列を書き込む
`def col_black():`	テキストの色を設定する関数
`    te.configure(bg="black", fg="white", insertbackground="white")`	背景を黒、文字を白にする
`def col_white():`	テキストの色を設定する関数
`    te.configure(bg="white", fg="black", insertbackground="black")`	背景を白、文字を黒にする
`HANKAKU = [`	半角カタカナ一覧をリストで定義
`    "ｶﾞ", "ｷﾞ", "ｸﾞ", "ｹﾞ", "ｺﾞ",`	
`    "ｻﾞ", "ｼﾞ", "ｽﾞ", "ｾﾞ", "ｿﾞ",`	
`    "ﾀﾞ", "ﾁﾞ", "ﾂﾞ", "ﾃﾞ", "ﾄﾞ",`	
`    "ﾊﾞ", "ﾋﾞ", "ﾌﾞ", "ﾍﾞ", "ﾎﾞ",`	
`    "ﾊﾟ", "ﾋﾟ", "ﾌﾟ", "ﾍﾟ", "ﾎﾟ",`	
`    "ｱ", "ｲ", "ｳ", "ｴ", "ｵ",`	
`    "ｶ", "ｷ", "ｸ", "ｹ", "ｺ",`	
`    "ｻ", "ｼ", "ｽ", "ｾ", "ｿ",`	
`    "ﾀ", "ﾁ", "ﾂ", "ﾃ", "ﾄ",`	
`    "ﾅ", "ﾆ", "ﾇ", "ﾈ", "ﾉ",`	
`    "ﾊ", "ﾋ", "ﾌ", "ﾍ", "ﾎ",`	

```
    "ﾏ", "ﾐ", "ﾑ", "ﾒ", "ﾓ",
    "ﾔ", "ﾕ", "ﾖ",
    "ﾗ", "ﾘ", "ﾙ", "ﾚ", "ﾛ",
    "ﾜ", "ｦ", "ﾝ",
    "ｧ", "ｨ", "ｩ", "ｪ", "ｫ",
    "ｬ", "ｭ", "ｮ", "ｯ",
    "｡", "､", "ｰ", "｢", "｣"
]

ZENKAKU = [                                   全角カタカナ一覧をリストで定義
    "ガ", "ギ", "グ", "ゲ", "ゴ",
    "ザ", "ジ", "ズ", "ゼ", "ゾ",
    "ダ", "ヂ", "ヅ", "デ", "ド",
    "バ", "ビ", "ブ", "ベ", "ボ",
    "パ", "ピ", "プ", "ペ", "ポ",
    "ア", "イ", "ウ", "エ", "オ",
    "カ", "キ", "ク", "ケ", "コ",
    "サ", "シ", "ス", "セ", "ソ",
    "タ", "チ", "ツ", "テ", "ト",
    "ナ", "ニ", "ヌ", "ネ", "ノ",
    "ハ", "ヒ", "フ", "ヘ", "ホ",
    "マ", "ミ", "ム", "メ", "モ",
    "ヤ", "ユ", "ヨ",
    "ラ", "リ", "ル", "レ", "ロ",
    "ワ", "ヲ", "ン",
    "ァ", "ィ", "ゥ", "ェ", "ォ",
    "ャ", "ュ", "ョ", "ッ",
    "。", "、", "ー", "「", "」"
]

def auto_proc(): # 半角ｶﾀｶﾅを全角に置換       半角カタカナを全角に置換する関数
    txt = te.get("1.0", "end-1c")             入力欄全体の文字列をtxtに代入
    for i in range(len(HANKAKU)):             繰り返しで
        txt = txt.replace(HANKAKU[i], ZENKAKU[i])   半角文字を全角文字に置換しtxtに代入
    te.delete("1.0", "end")                   テキスト入力欄全体を削除
    te.insert("1.0", txt)                     変換した文字列を入力欄に挿入

root = tkinter.Tk()                           ウィンドウのオブジェクトを作る
```

`root.title("テキストエディタ2")`	ウィンドウのタイトルを指定
`fr = tkinter.Frame()`	フレームを作る
`fr.pack(expand=True, fill=tkinter.BOTH)`	フレームをウィンドウに配置
`te = tkinter.Text(fr, width=80, height=30)`	テキストを作る
`sc = tkinter.Scrollbar(fr, orient=tkinter.VERTICAL, command=te.yview)`	スクロールバーを作る
`sc.pack(side=tkinter.RIGHT, fill=tkinter.Y)`	スクロールバーをフレームに配置
`te.pack(expand=True, fill=tkinter.BOTH)`	テキストをフレームに配置
`te["yscrollcommand"] = sc.set`	テキストのyscrollcommandにバーをセット
`mbar = tkinter.Menu()`	メニューバーを作る
`mcom = tkinter.Menu(mbar, tearoff=0)`	メニューコマンドを作る
`mcom.add_command(label="読み込み", command=load_text)`	コマンドを追加する
`mcom.add_separator()`	コマンドの区切り線を追加する
`mcom.add_command(label="書き込み", command=save_text)`	コマンドを追加する
`mbar.add_cascade(label="ファイル", menu=mcom)`	バーに表示する文字とコマンドを設定
`mcom2 = tkinter.Menu(mbar, tearoff=0)`	メニューコマンドをもう1つ作る
`mcom2.add_command(label="黒", command=col_black)`	色設定のコマンドを追加する
`mcom2.add_command(label="白", command=col_white)`	色設定のコマンドを追加する
`mbar.add_cascade(label="背景色", menu=mcom2)`	バーに表示する文字とコマンドを設定
`mcom3 = tkinter.Menu(mbar, tearoff=0)`	メニューコマンドをもう1つ作る
`mcom3.add_command(label="半角ｶﾀｶﾅ→全角置換", command=auto_proc)`	半角→全角変換のコマンドを追加
`mbar.add_cascade(label="自動処理", menu=mcom3)`	バーに表示する文字とコマンドを設定
`root["menu"] = mbar`	メニューバーを設置
`root.mainloop()`	ウィンドウの処理を開始

このプログラムを実行し、例えば「ｶﾞﾗｹｰでは半角のｶﾀｶﾅでﾒｰﾙを書いていました。」など、半角のカタカナを使って文章を入力します。

次に「自動処理」メニューの「半角ｶﾀｶﾅ→全角置換」を選択すると、図8-7-1のように半角のカタカナが全角に置換されることを確認しましょう。

図8-7-1 Pythonで文字を置換する

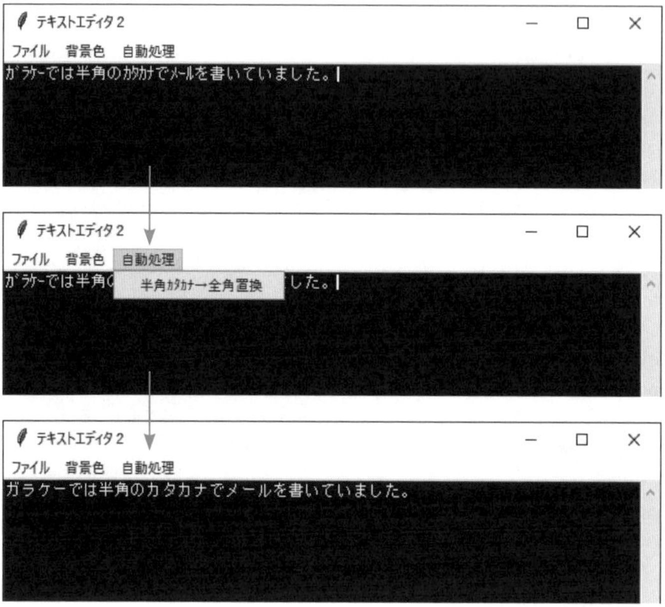

半角のカタカナとそれに対応する全角のカタカナの一覧を、36～76行目でリストを用いて定義しています。

「自動処理」というメニューの追加はこれまで学んだ通りで、104～106行目で行っています。105行目のadd_command()命令でコマンドを追加するときに「半角ｶﾀｶﾅ→全角置換」を選ぶと、auto_proc()関数が実行されるようにしています。

78～83行目に定義したauto_proc()関数で、カタカナの半角文字を全角に変換しています。その関数を抜き出して説明します。

```
def auto_proc(): # 半角ｶﾀｶﾅを全角に置換
    txt = te.get("1.0", "end-1c")
    for i in range(len(HANKAKU)):
        txt = txt.replace(HANKAKU[i], ZENKAKU[i])
    te.delete("1.0", "end")
    te.insert("1.0", txt)
```

この関数では、テキスト入力欄の文字列すべてを txt = te.get("1.0", "end-1c") として変数txtに代入します。そして、txt内にある半角カタカナを **replace()** 命令で全角文字に置き換えるということを行っています。

for文のrange()の引数に記述した **len()** は、リストの要素数を返す命令です。36行目で宣言したHANKAKUには85種類の半角文字を記述しているので、len(HANKAKU)の値は85です。つまり、このforのiの値は、0から始まり84まで1ずつ増えながら、txtにHANKAKU[i]が入っている場合には、replace()でZENKAKU[i]に置き換えることを行っています。

最後に、置換した文字列をinsert()命令でテキストに戻し、半角を全角に置換する仕組みを実現しています。

MEMO

len()で文字列の長さを知ることもできます。例えばprint(len("Python"))とするとPythonは6つのアルファベットなのでシェルウィンドウに6と出力されます。

便利なreplace()命令

replace()の書式は、次のようになります。

```
置換したい文字列.replace(置換前の文字, 置換後の文字)
```

これで置換したい文字列の中の、ある文字が別の文字に置き換わります。このプログラムではtxt = txt.replace(HANKAKU[i], ZENKAKU[i]) と記述し、置換後の文字列を再び変数txtに代入しています。

replace()命令で2文字以上の文字列を置き換えることもできます。例えば、txt = 元の文字列.replace("Hello", "こんにちは") とすると、元の文字列に「Hello」が入っている箇所があれば、そこがすべて「こんにちは」に置き換わり、txtに代入されます。

replace()は文字列を置換するときに便利に使える命令です。是非、使い方を覚えておきましょう。

MEMO

筆者の経験では、ビジネスアプリ開発でもゲームソフト開発でも、文字列を操作することが多々ありました。文字列を自在に操れるようになれば、プログラミング技術が中級者レベルに達したといえるのではないでしょうか。

8-7のポイント

- replace()命令で、文字列の中の指定の文字を別の文字に置換することができる。
- 置換したい文字をリストで定義して、複数の文字を一括して置き換える自動処理を理解する。

Column

複数のファイルを自動処理する

プログラムで新しいフォルダを作ったりファイルをコピーすることができます。フォルダ作成とファイルコピーは、処理の自動化でよく行われる処理です。この**Column**では、それらの処理をPythonでどう記述するかを説明します。

これから確認するプログラムは、プログラムと同一フォルダ内のワード文書（拡張子docまたはdocxのファイル）を、「コピーした文書」という新しいフォルダを作り、その中にコピーします。

list08_column.pyを実行する前に、プログラムと同じフォルダに図8-C-1のように拡張子docまたはdocxのファイルをいくつか入れてください。本書のサポートページからダウンロードできるZIPファイルの「Chapter08」フォルダに、これらのファイルが入っていますが、自分で用意してもかまいません。

図8-C-1　ワードのファイルを用意する

次ページのプログラムを入力して、ファイル名を付けて保存します。

次ページへ続く

リスト▶ list08_column.py

`import os`	osモジュールをインポート
`import shutil`	shutilモジュールをインポート
`FOLDER = "コピーした文書"`	作成するフォルダ名の定義
`if not os.path.exists(FOLDER):`	そのフォルダが存在しなければ
`    os.mkdir(FOLDER)`	フォルダを作る
`for i in os.listdir():`	プログラムの階層にある全ファイルを調べる
`    if i.endswith(".doc") or i.endswith(".docx"):`	拡張子がdocかdocxのファイルがあれば
`        shutil.copy(i, FOLDER+"/"+i)`	作成したフォルダにコピーする

このプログラムを実行すると、図8-C-2のように「コピーした文書」というフォルダが作られ、その中にワードのファイルがコピーされます。

図8-C-2　ファイルのコピー

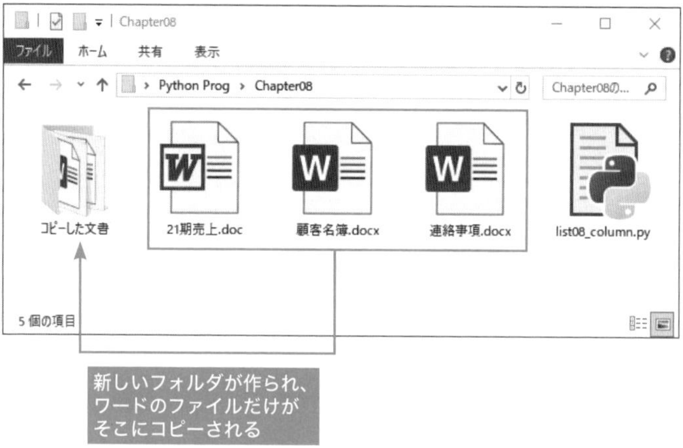

フォルダを作成したりファイルを調べるために、osモジュールとshutilモジュールの2つをインポートします。

作成するフォルダ名を4行目で変数FOLDERに代入しています。

5行目のif文の条件式にあるnot os.path.exists(FOLDER)は、「そのフォルダが存在しなければ」という意味です。フォルダが存在しない場合には、os.mkdir()命令でフォルダを作ります。このif文を入れずにos.mkdir(FOLDER)だけを記述すると、すでにフォルダが存在するときにエラーになります。

8行目のfor文はinの後にos.listdir()と記述しています。os.listdir()はファイルとフォルダの一覧を取得する命令です。このfor文では、プログラムと同一フォルダにあるすべてのファイル名とフォルダ名が順にiに代入されます。

9行目のif文に記述したendswith()命令は、文字列の終わりが引数の値かを調べる命令です。文字列の終わりがその値の場合にはTrueを返します。

このプログラムでは、if i.endswith(".doc") or i.endswith(".docx"):とorを使っていますが、if i.endswith((".doc", ".docx")):と調べたい値をタプルで羅列して、引数とすることができます。

拡張子がdocかdocxのファイルがあればshutil.copy()命令で、コピー元のファイル名とコピー先を指定し、「コピーした文書」フォルダにワードのファイルをコピーしています。

ここでは用いませんが、os.rename(元のファイル名, 新しいファイル名)でファイル名を付け替えることができます。また、shutil.move(コピー元, コピー先)でファイルの移動ができます。

ここで学んだことは、ファイルのコピーや移動、ファイル名の変更など、ファイルの自動処理のベースとなる知識です。これは、ビジネスアプリケーション開発に応用できますし、例えばパソコンに大量に保存された写真を整理するなど、趣味のプログラミングにも応用できます。

次ページへ続く

MEMO

Pythonは記述の仕方がシンプルです。ここで紹介したように短い行数でフォルダを作ったり、ある拡張子のファイルだけをコピーできます。
他のプログラミング言語で同じことをするには、通常、もっと長いプログラムを書かなくてはなりません。プログラムを単純明快に書けることがPythonの強みであり、Pythonの人気が高まった理由でもあります。

Chapter 9

Pythonで仕事を自動化・効率化しよう！

この章では、エクセルのデータをPythonのプログラムで読み込み、グラフを描く技術を学びます。データの読み込みからグラフ化までを標準モジュールだけで行います。また、みなさんが将来、さまざまなエクセルファイルを扱えるように、openpyxlという外部モジュールの使い方も説明します。

Section 9-1 エクセルファイルを扱う

表計算ソフトのエクセルは多くの職場で用いられています。社内のさまざまなデータをエクセルのファイルとして保存している会社も多いことでしょう。それらのデータをプログラムで加工したり分析できるようになれば、データをより生かすことができ、業務の効率化にもつながります。
この章ではPythonのプログラムでエクセルのデータを読み込み、グラフ化することを学びますが、学習に入る前に、Pythonでエクセルファイルを扱う意味と、この章で扱うデータ形式について説明します。

VBAとPythonの違い

エクセル（Excel）やワード（Word）にはVBAでプログラミングできる機能が備わっています。VBAはマイクロソフト社が開発するプログラミング言語で、Visual Basic for Applicationを略した言葉です。

VBAでプログラムを組めば、エクセルやワードの機能を拡張したり、定型的な作業を自動化できます。ただし、VBAはマイクロソフト社の製品に特化した言語なので、汎用的なアプリケーション開発には向きません。

Pythonはすでに説明した通り、業務用のアプリケーション開発から趣味のゲームソフト制作まで、幅広い分野に用いることのできるプログラミング言語です。筆者は、みなさんにPythonでエクセルファイルを扱うことをお勧めします。

Pythonで開発したプログラムは改良や拡張が容易で、エクセルのデータを扱うPythonのプログラムを用意すれば、それを元にさまざまなアプリケーションに発展させることができるからです。Pythonでエクセルファイルを扱う技術を学ぶことで、みなさんのプログラミングの力もぐんとアップするはずです。

MEMO

読者のみなさんの中には、Excelでコンピュータゲームが作れることをご存知の方もいらっしゃるでしょう。昔からExcel＋VBAでゲームソフトを作り、ネットで発表される方がいます。ただし、それらは本来VBAで行うような処理でないことを、創意工夫により実現した特殊な例です。

CSVファイルを扱う

この章で学習するプログラムは、誰もが理解しやすいように、標準モジュールだけでCSV形式のファイル（拡張子がcsv）を扱います。

エクセル形式のファイル（拡張子がxlsxやxls）を直接扱いたい場合には、外部モジュールのopenpyxlを利用します。openpyxlの使い方も、本章末の**Column**（269ページ参照）で解説します。

CSVファイルとは

CSVとはComma-Separated Valuesの略で、CSVファイルとはこの英語の意味通り、データをコンマで区切って羅列したファイルのことです。

CSVファイルの中身はプレーンテキストという装飾のない文字列で、テキストエディタでも開くことができます。

Windowsの「メモ帳」などでCSVファイルを開くと、図9-1-1のようにデータがコンマ区切りで並んでいることがわかります。

図9-1-1 「メモ帳」で開いたCSVファイル

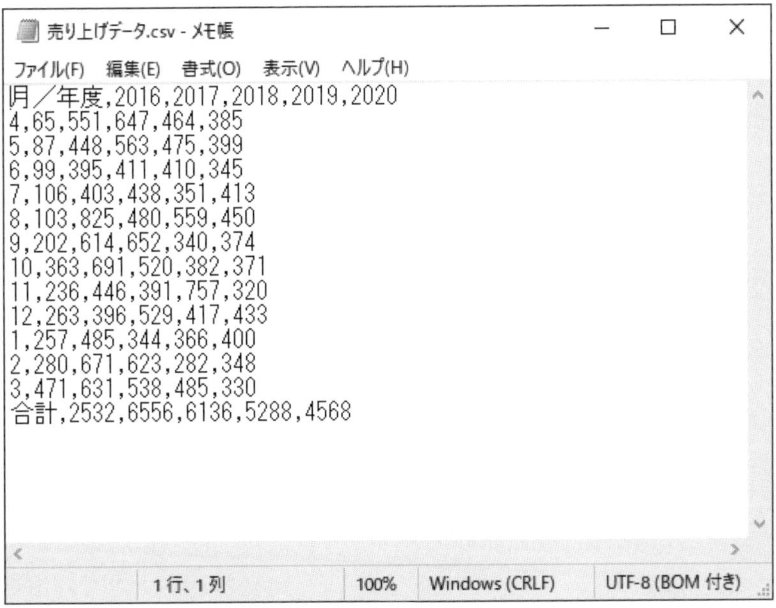


```
月／年度,2016,2017,2018,2019,2020
4,65,551,647,464,385
5,87,448,563,475,399
6,99,395,411,410,345
7,106,403,438,351,413
8,103,825,480,559,450
9,202,614,652,340,374
10,363,691,520,382,371
11,236,446,391,757,320
12,263,396,529,417,433
1,257,485,344,366,400
2,280,671,623,282,348
3,471,631,538,485,330
合計,2532,6556,6136,5288,4568
```

CSVファイルは古くから使われているスタンダードなデータファイルで、ソフトウェア同士でのデータのやり取りなどに用いられます。

拡張子xlsxやxlsのファイルは、文字の装飾や罫線、表の中に入る計算式などを含めた状態で保存されたファイルです（図9-1-2）。

図9-1-2 xlsxファイルとcsvファイル

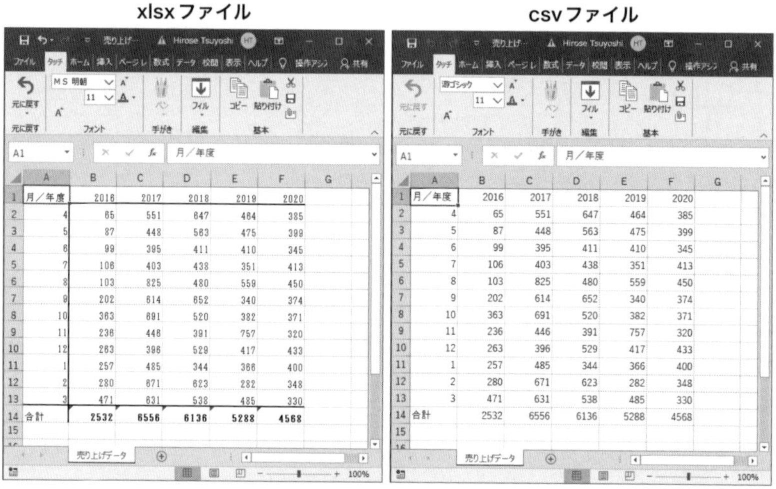

月／年度	2016	2017	2018	2019	2020
4	65	551	647	464	385
5	87	448	563	475	399
6	99	395	411	410	345
7	106	403	438	351	413
8	103	825	480	559	450
9	202	614	652	340	374
10	363	691	520	382	371
11	236	446	391	757	320
12	263	396	529	417	433
1	257	485	344	366	400
2	280	671	623	282	348
3	471	631	538	485	330
合計	2532	6556	6136	5288	4568

エクセルで編集しているファイルは、名前を付けて保存するとき、CSV形式を選択することができます。

図9-1-3　エクセルで保存形式を選ぶ

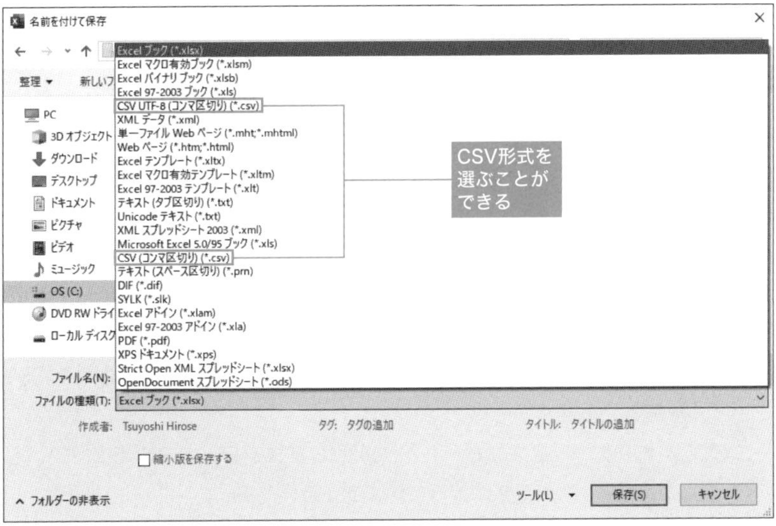

CSV形式で保存すると、文字の装飾や罫線などは失われ、表に記された数値や文字列のみがコンマ区切りのデータとしてファイルに記載されます。

この章では、**9-2**「CSVファイルを読み込む」と**9-3**「CSVファイルに書き込む」でCSV形式のデータの扱い方を学んだ後に、**9-4**「データをグラフ化する」と**9-5**「データを分析する」で、ある法人の売上をプログラムでグラフ化し、数値を分析してみます。

この章にはコンピュータやプログラミングに関する新しい知識が、またいくつか出てきています。一度にすべてを覚えることは難しいので、すぐに覚えられない箇所があれば、復習しやすいように付箋紙を貼るなどして読み進めましょう。

ここまで来れば、本書のゴールはもうすぐです。頑張っていきましょう！

9-1のポイント

- データをコンマ区切りで羅列したものがCSVファイルである。
- CSVファイルはテキストエディタでも開くことができる。

Section 9-2 CSVファイルを読み込む

csvモジュールを用いると、CSVファイルから手軽にデータを読み込んだり、CSVファイルにデータを書き込むことができます。
この節ではCSVファイルの読み込み方、次の節でCSVファイルへの書き込み方を説明します。

csvモジュールを用いる

　これから確認するプログラムは、次のような商品名と定価が記されたCSVファイルを読み込みます。
　このファイルは、本書のサポートページからダウンロードできるZIPファイルの「Chapter09」フォルダに入っています（図9-2-1）。

図9-2-1　確認に用いるCSVファイル

　csvモジュールを用いて、CSVファイルに書かれたデータを読み込みます。
　次のプログラムを入力し、ファイル名を付けて保存します。

リスト▶ list0902_1.py

```
01 import csv                                   csvモジュールをインポート
02 f = open("商品データ.csv",                  CSVファイルを開く
   encoding="utf-8")
03 cr = csv.reader(f)                           readerオブジェクトを用意する
04 dat = list(cr)                               ファイルのデータをdatにリストで代入
05 f.close()                                    ファイルを閉じる
06 print(dat)                                   datの値を出力
```

このプログラムを実行すると、シェルウィンドウに図9-2-2のように出力されます。

図9-2-2 CSVのデータを読み込む

```
[['¥ufeff商品', '定価'], ['ボールペン', '120'], ['消しゴム', '100'], ['ノート', '200']]
```

1行目でcsvモジュールをインポートしています。2行目でファイル名を指定しCSVファイルを開いています。このopen()は、通常のテキストファイルを開くときに使う命令と一緒です。

3行目の**csv.reader()**命令でファイルを開いた変数を引数に指定し、readerオブジェクトを用意します。そして4行目のように**list()**命令の引数にreaderオブジェクトを指定すると、CSVに記されたデータがリストに代入されます。

BOMについて

シェルウィンドウに出力した「商品」という文字列の頭に「¥ufeff」が付いています。¥ufeffはBOM付きのUTF-8形式のファイルの頭に付く値です。

BOMとはByte Order Markの略で、テキストの先頭に付く短いデータを意味します。UTF-8形式のファイルには、BOMが付いたものと付いていないものがあります。BOM付きのファイルは、encoding="utf-8-sig"として読み込むことで¥ufeffを消すことができます。

CSVのデータは二次元リストに代入される

list0902_1.pyで読み込んだ商品データ.csv内のデータは二次元リストに格納されます。このプログラムでは、そのリスト名をdatとしています。

これを図示すると、図9-2-3のようになります。

図9-2-3 データを格納した二次元リスト

dat[y][x]

y \ x	0	1
0	商品	定価
1	ボールペン	120
2	消しゴム	100
3	ノート	200

csvモジュールを用いると短いプログラムで、エクセルなどの表計算ソフトの画面通りにデータをリストに代入できます。この二次元リストには、2つのポイントがあります。

1点目はリストの行番号（この図のyの値）が0から始まることです。エクセルの画面では行は1、2、3…と1から始まりますが、**コンピュータのリストは[0]から始まる決まり**なので、データを扱う際にリストの番号を間違えないようにしましょう。

2点目はファイルからデータを読み込むと、**数値が文字列としてリストに代入される**ことです。リストに格納されたデータを数値として扱うにはint()命令やfloat()命令を用います。

データは文字列として読み込まれる

定価の数字が文字列としてリストに格納されていることを確認します。データをint()で数値に変換して、平均価格を求めることも行います。

次のプログラムを入力し、ファイル名を付けて保存します。

リスト▶ list0902_2.py

```
import csv                                  csvモジュールをインポート
f = open("商品データ.csv",                  CSVファイルを開く
encoding="utf-8")
cr = csv.reader(f)                          readerオブジェクトを用意する
```

```
04 dat = list(cr)                                  ファイルのデータをdatにリストで代入
05 f.close()                                       ファイルを閉じる
06 g = 0                                           定価の合計を計算する変数
07 for y in range(1, 4):                           繰り返し　yは1から3まで1ずつ増える
08     print(dat[y][0]+"の定価は"                   商品名と定価を出力
   +dat[y][1]+"円です。")
09     g = g + int(dat[y][1])                      定価を足し合わせる
10 print("平均価格は"+str(g/3)+"円です。")          平均価格を出力
```

このプログラムを実行すると、シェルウィンドウに図9-2-4のように出力されます。

図9-2-4　CSVのデータを読み込む

```
ボールペンの定価は120円です。
消しゴムの定価は100円です。
ノートの定価は200円です。
平均価格は140.0円です。
```

7～9行目のfor文に記述したprint()で、datに格納したデータを「dat[y][0]+"の定価は"+dat[y][1]+"円です。"」と+でつないで出力しています。datの中身は文字列なので、+でつなぐことができます。

平均価格を計算するには、文字列を数値に変換する必要があるので、9行目でdat[y][1]の値をint()で数値に変換し、定価を足し合わせています。10行目で平均価格を出力していますが、変数gの値は数値なので、str()で文字列に変換しています。

9-2のポイント

- CSVファイルを扱うには、csvモジュールをインポートする。
- CSVファイルを読み込むには、csv.reader()命令を用いる。
- 読み込んだCSVの数値のデータは、list()命令で文字列としてリストに格納される。

mini column

csvモジュールを用いずにファイルを読み込む

CSVはテキストデータなので、csvモジュールを用いなくても読み込むことができます。プログラミングの知識を広げるために、csvモジュールを使用しないで読み込むプログラムを見てみましょう。

リスト▶ list0902_mc.py

01	`f = open("商品データ.csv", "r", encoding="utf-8-sig")`	CSVファイルを開く
02	`r = f.readlines()`	変数rにファイルを読み込む
03	`f.close()`	ファイルを閉じる
04	`dat = []`	datというリストを宣言
05	`for i in r:`	繰り返しで
06	`    s = i.replace("¥n", "")`	改行コードを削除してsに代入
07	`    dat.append(s.split(","))`	sの値をコンマで切り分けてdatに追加
08	`print(dat)`	datの値を出力

このプログラムを実行すると、list0902_1.pyと同様にCSVファイルのデータをリストに格納し、図9-2-5のようにシェルウィンドウに出力します。

図9-2-5 csvモジュールを用いないファイルの読み込み

```
[['商品', '定価'], ['ボールペン', '120'], ['消しゴム', '100'], ['ノート', '200']]
```

2行目のreadlines()命令でCSVファイル内のすべての行をリスト形式でrに読み込んでいます。このrの中身は、改行コードの入った一次元リストになります。二次元リストに代入するなら、5～7行目のように処理する必要があります（二次元リストに代入するプログラムの例であり、他にも色々な記述方法があります）。

csvモジュールを用いると、二次元リストへの代入が容易であり、次の**9-3**「CSVファイルに書き込む」で説明するように、リストのデータを手軽にCSVファイルに保存することもできます。

CSVファイルに書き込む

Section 9-3

csvモジュールを用いると、CSVファイルに容易にデータを書き込むことができます。ここでは、その方法を説明します。

🐍 CSVファイルを生成する

CSVファイルにデータを書き込むということは、言い換えれば、新たなCSVファイルをPythonに作らせるということです。ここでは、九九の式の一覧を記したCSVファイルをPythonに作らせます。

次のプログラムを入力し、ファイル名を付けて保存します。

リスト▶ list0903.py

```python
01  import csv                                    csvモジュールをインポート
02
03  kuku = []                                     九九の式を代入する空のリストを用意
04  kuku.append(["一の段", "二の段",              各段の名称をリストに追加
    "三の段", "四の段", "五の段", "六の段",
    "七の段", "八の段", "九の段"])
05  for y in range(1, 10):                         繰り返し  yは1から9まで1ずつ増える
06      gyou = []                                 横1行分の式を代入する空のリスト
07      for x in range(1, 10):                     繰り返し  xは1から9まで1ずつ増える
08          shiki = "{} x {} = {}".               「○×□=答え」の文字列を作る
    format(x, y, x*y)
09          gyou.append(shiki)                    その文字列をgyouに追加
10      kuku.append(gyou)                         kukuにgyouの値を追加
11
12  with open("九九の表.csv", 'w',               書き込む指定でファイルを開く
    newline='') as f:
13      w = csv.writer(f)                         writeオブジェクトを用意する
14      w.writerows(kuku)                         kukuの中身をファイルに書き込む
15
16  print("九九の表.csvを作成しました")          ファイルを作成した旨を出力
```

このプログラムを実行すると、プログラムと同じフォルダに「九九の表.csv」というファイルが作られます（図9-3-1）。そのファイルをエクセルやメモ帳などで開き、中身を確認しましょう。

図9-3-1 CSVファイルの生成

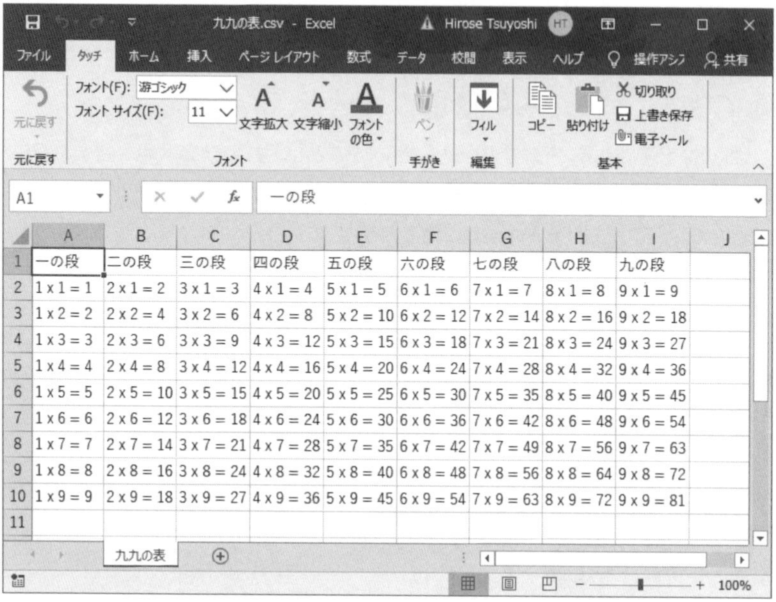

	A	B	C	D	E	F	G	H	I	J
1	一の段	二の段	三の段	四の段	五の段	六の段	七の段	八の段	九の段	
2	1 x 1 = 1	2 x 1 = 2	3 x 1 = 3	4 x 1 = 4	5 x 1 = 5	6 x 1 = 6	7 x 1 = 7	8 x 1 = 8	9 x 1 = 9	
3	1 x 2 = 2	2 x 2 = 4	3 x 2 = 6	4 x 2 = 8	5 x 2 = 10	6 x 2 = 12	7 x 2 = 14	8 x 2 = 16	9 x 2 = 18	
4	1 x 3 = 3	2 x 3 = 6	3 x 3 = 9	4 x 3 = 12	5 x 3 = 15	6 x 3 = 18	7 x 3 = 21	8 x 3 = 24	9 x 3 = 27	
5	1 x 4 = 4	2 x 4 = 8	3 x 4 = 12	4 x 4 = 16	5 x 4 = 20	6 x 4 = 24	7 x 4 = 28	8 x 4 = 32	9 x 4 = 36	
6	1 x 5 = 5	2 x 5 = 10	3 x 5 = 15	4 x 5 = 20	5 x 5 = 25	6 x 5 = 30	7 x 5 = 35	8 x 5 = 40	9 x 5 = 45	
7	1 x 6 = 6	2 x 6 = 12	3 x 6 = 18	4 x 6 = 24	5 x 6 = 30	6 x 6 = 36	7 x 6 = 42	8 x 6 = 48	9 x 6 = 54	
8	1 x 7 = 7	2 x 7 = 14	3 x 7 = 21	4 x 7 = 28	5 x 7 = 35	6 x 7 = 42	7 x 7 = 49	8 x 7 = 56	9 x 7 = 63	
9	1 x 8 = 8	2 x 8 = 16	3 x 8 = 24	4 x 8 = 32	5 x 8 = 40	6 x 8 = 48	7 x 8 = 56	8 x 8 = 64	9 x 8 = 72	
10	1 x 9 = 9	2 x 9 = 18	3 x 9 = 27	4 x 9 = 36	5 x 9 = 45	6 x 9 = 54	7 x 9 = 63	8 x 9 = 72	9 x 9 = 81	
11										

3行目で九九の式を代入するリストを宣言しています。Pythonではリスト名 = []と記述すると、空のリストが作られます。そこにappend()命令でデータを追加します。

5～10行目の変数yとxを用いた二重ループのforの処理で、九九の式が代入された二次元リストを用意しています。

この処理を詳しく説明すると、8行目で「x × y = x*y」という文字列を作り、9行目でgyouというリストに追加しています。gyouは横1行分の九九の式が入った一次元リストになります。そして、gyouの値を10行目でkukuに追加することで、kukuは二次元リストになります。

12～14行目が二次元リストをファイルに書き込む処理です。このプログラムでは、with open() asの書式で'w'の書き込み指定でファイルを開いています。

13行目の**w = csv.writer(f)**で、CSV形式のデータを書き込むためのwriterオブジェクトが作られます。そのオブジェクトに対して14行目のように**writerows()**命令を実行することで、writerows()に引数で渡したデータがファイルに書き込まれます。

また、このプログラムではopen()の3つ目の引数をnewline=''としています。これはファイルの行末が¥r¥nというコードになる処理系で、余分な¥rが追加されるのを防ぐ意味があります。

MEMO

writerows()は二次元リストを書き込む命令で、一次元リストを書き込むwriterow()という命令もあります。

9-3のポイント

- csvモジュールを用いて、CSVファイルを新規に作成できる。
- csv.writer()とwriterows()で二次元リストのデータを書き込む。

Section 9-4 データをグラフ化する

第5〜6章でtkinterモジュールを用いてさまざまなGUIを扱いました。ここでは、第6章で学んだCanvasにCSVファイルから読み込んだデータをグラフとして表示します。この節でグラフの基本的な描き方を学び、次の節でグラフを改良してデータを分析する方法を説明します。

読み込んだデータで棒グラフを描く

9-4「データをグラフ化する」と**9-5**「データを分析する」で学ぶプログラムでは、ある会社の事業の売り上げが記された次のようなCSVファイルを読み込みます。

このファイルは、本書のサポートページからダウンロードできるZIPファイルの「Chapter09」フォルダに入っています。

図9-4-1　確認に用いるCSVファイル

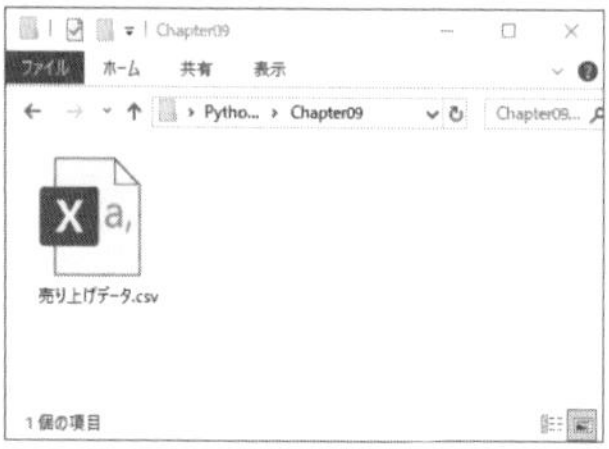

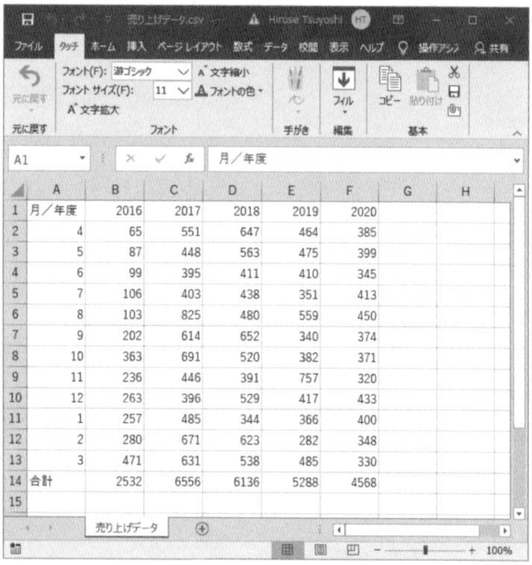

	A	B	C	D	E	F
1	月／年度	2016	2017	2018	2019	2020
2	4	65	551	647	464	385
3	5	87	448	563	475	399
4	6	99	395	411	410	345
5	7	106	403	438	351	413
6	8	103	825	480	559	450
7	9	202	614	652	340	374
8	10	363	691	520	382	371
9	11	236	446	391	757	320
10	12	263	396	529	417	433
11	1	257	485	344	366	400
12	2	280	671	623	282	348
13	3	471	631	538	485	330
14	合計	2532	6556	6136	5288	4568

この「売り上げデータ.csv」には、ある会社が始めた新規事業の五年度分の売り上げが記されています。ファイルに書かれた数値を読み込み、棒グラフにするプログラムを確認します。

次のプログラムを入力し、ファイル名を付けて保存します。

リスト ▶ list0904.py

```
import tkinter                                  tkinterモジュールをインポート
import csv                                      csvモジュールをインポート

root = tkinter.Tk()                             ウィンドウのオブジェクトを作る
root.title("データをグラフ化する")                ウィンドウのタイトルを指定
ca = tkinter.Canvas(width=800,                  キャンバスを作る
height=480, bg="white")
ca.pack()                                       キャンバスをウィンドウに配置

f = open("売り上げデータ.csv",                   CSVファイルを開く
encoding="utf-8")
cr = csv.reader(f)                              readerオブジェクトを用意する
dat = list(cr)                                  ファイルのデータをdatにリストで代入
f.close()                                       ファイルを閉じる

bar_x = 40                                      グラフを描き始めるX座標
bar_b = 460                                     グラフのベースライン(Y座標)
for ye in range(1, 6):                          繰り返し yeは1から5まで1ずつ増える
    for mo in range(1, 13):                     繰り返し moは1から12まで1ずつ増える
        h = int(dat[mo][ye])/2                  各月の売上から棒の高さを計算しhに代入
        ca.create_                              棒(矩形)を描く
rectangle(bar_x, bar_b, bar_
x+6, bar_b-h, fill="black")
        bar_x = bar_x + 12                      棒のX座標を右にずらす

root.mainloop()                                 ウィンドウの処理を開始
```

このプログラムを実行すると、次ページの図9-4-2のような棒グラフが描かれたウィンドウが表示されます。

図9-4-2 データをグラフ化する

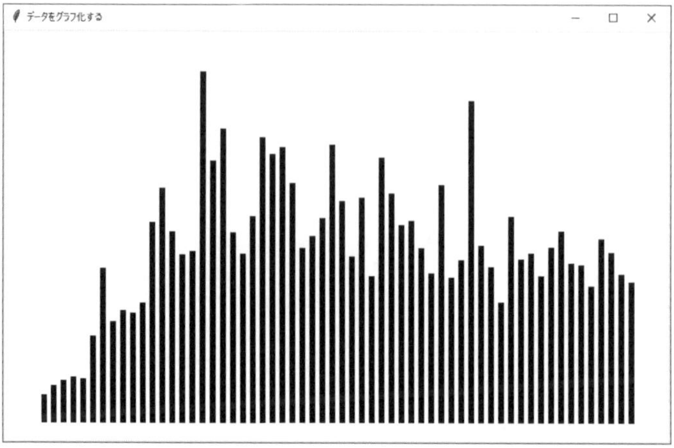

12か月×五年度分の60個のデータを横に並べて表示しています。

ウィンドウを表示してキャンバスにグラフを描くために、tkinterモジュールを用います。第5〜6章で学んだようにroot = tkinter.Tk()という書式でウィンドウのオブジェクトを作り、Canvas()命令で用意したキャンバスをpack()命令でウィンドウに配置しています（4〜7行目）。

CSVファイルからのデータの読み込みはcsvモジュールを用いて行います。open()命令でファイルを開き、csv.reader()命令でreaderオブジェクトを用意し、ファイル内のデータをlist()命令で二次元リストに代入します（9〜12行目）。

14〜20行目でグラフを描いています。この処理は二重ループのfor文になっており、外側のforの変数yeは年度、内側のforの変数moは月の値を意味します。

売上額は、dat[mo][ye]に文字列として格納されています。棒グラフの高さを計算するとき、h = int(dat[mo][ye])/2とint()で文字列を数値に変換します。2で割っているのは、棒の高さを調整するためです。

create_rectangle()命令で棒グラフを描いています。キャンバスの図形描画の命令は176ページにまとめてあるので、必要に応じて復習してください。

CSVファイルのデータを読み込んでグラフ化できました。しかし、このままでは何のグラフなのかわかりません。**グラフとは、数値を視覚的に表現することで、データの整理や分析が行えるものです。**

次の**9-5**「データを分析する」で表示の仕方を見直して、売り上げの数値を分析できるように改良します。

9-4のポイント

- tkinterモジュールでウィンドウを表示し、ファイルから読み込んだデータを用いて、キャンバスにグラフを描く一連の処理を理解する。

Section 9-5 データを分析する

グラフは描き方を少し工夫するだけで、データの持つ意味がハッキリとしてきます。ここでは、前節で表示したグラフを改良して、売り上げの数値を分析しやすくします。

必要な情報を表示する

グラフに年度の西暦と、その年度の売上合計額を表す矩形を表示します。

次のプログラムを入力し、ファイル名を付けて保存します。

リスト▶ list0905.py

`import tkinter`	tkinterモジュールをインポート
`import csv`	csvモジュールをインポート
`root = tkinter.Tk()`	ウィンドウのオブジェクトを作る
`root.title("○○事業部門の売り上げの推移")`	ウィンドウのタイトルを指定
`ca = tkinter.Canvas(width=800, height=400, bg="white")`	キャンバスを作る
`ca.pack()`	キャンバスをウィンドウに配置
`f = open("売り上げデータ.csv", encoding="utf-8")`	CSVファイルを開く
`cr = csv.reader(f)`	readerオブジェクトを用意する
`dat = list(cr)`	ファイルのデータをdatにリストで代入
`f.close()`	ファイルを閉じる
`FNT = ("Times New Roman", 12)`	フォントの指定を変数に代入
`bar_x = 40`	グラフを描き始めるX座標
`bar_b = 320`	グラフのベースライン(Y座標)
`for ye in range(1, 6):`	繰り返し yeは1から5まで1ずつ増える
`    ca.create_rectangle(bar_x, bar_b+5, bar_x+140, bar_b+25, fill="gray", width=0)`	西暦を表示する灰色の枠を描く
`    ca.create_text(bar_x+70, bar_b+15, text=dat[0][ye], fill="white", font=FNT)`	西暦の文字列を表示する

20	`    ca.create_rectangle(bar_x, bar_b, bar_x+140, bar_b-int(dat[13][ye])/24, fill="skyblue", width=0)`	その年度の売上合計額の矩形を描く
21	`    for mo in range(1, 13):`	繰り返し moは1から12まで1ずつ増える
22	`        h = int(dat[mo][ye])/6`	各月の売上から棒の高さを計算しhに代入
23	`        ca.create_rectangle(bar_x, bar_b, bar_x+6, bar_b-h, fill="blue", width=0)`	棒（矩形）を描く
24	`        bar_x += 12`	棒のX座標を右にずらす
25		
26	`root.mainloop()`	ウィンドウの処理を開始

※24行目のbar_x += 12は、bar_x = bar_x + 12と同じ意味です。

このプログラムを実行すると、図9-5-1のように年度の西暦と、各年度の売上合計額が空色の矩形で表示されます。月の売り上げは、空色の矩形内に青い棒グラフで表示されます。

図9-5-1 改良したグラフ

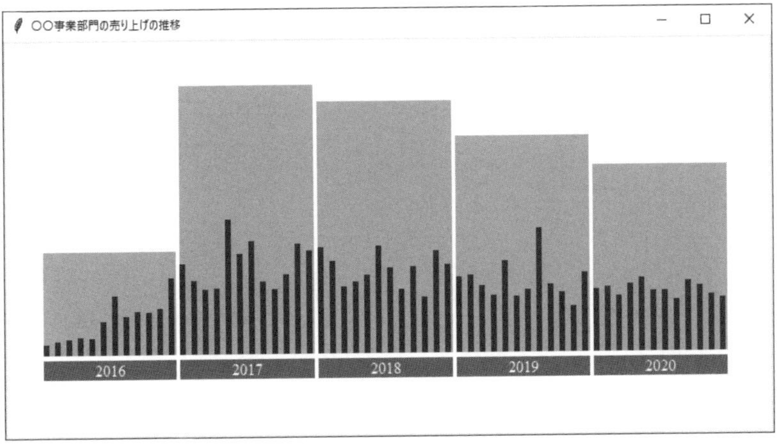

改良した点は、以下の2点です。

- 何年度のデータかわかるように灰色の帯を描き、その中に西暦を表示（18～19行目）
- 各年度の売り上げ合計額がわかるように、空色の矩形を表示（20行目）

各月の売り上げを空色の矩形内に収めることで、グラフを見やすくアレンジしています。

このグラフから、会社が5年前に始めた新規事業は急激に成長しましたが、その後、売り上げは落ちる一方であることがハッキリします。この会社の役員やこの部門で働く社員がグラフを見れば、何らかの対策を行う必要があると考えることでしょう。

図9-4-1（262ページ参照）のエクセルの画面上に記された数値を見ることでも、売り上げが落ちていることは理解できます。しかし、単に数値を眺めるよりグラフ化することで、データの持つ意味がより鮮明に見えてくるのです。

9-5のポイント

✦ グラフの描き方を工夫するとデータの持つ意味がハッキリする。

Column openpyxlを利用する

外部モジュール（拡張モジュール）のopenpyxlを用いると、拡張子xlsxやxlsのエクセルファイルを扱うことができます。この**Column**では、openpyxlの使い方を説明します。

openpyxlはPythonをインストールした時点では、みなさんのパソコンに入っていません。外部モジュールはWindowsの「コマンドプロンプト」やMacの「ターミナル」でpip3というコマンドを使ってインストールします。

「コマンドプロンプト」や「ターミナル」を起動して、図9-C-1のように**pip3 install openpyxl** Enter と入力し、openpyxlをインストールしましょう。

図9-C-1　openpyxlのインストール

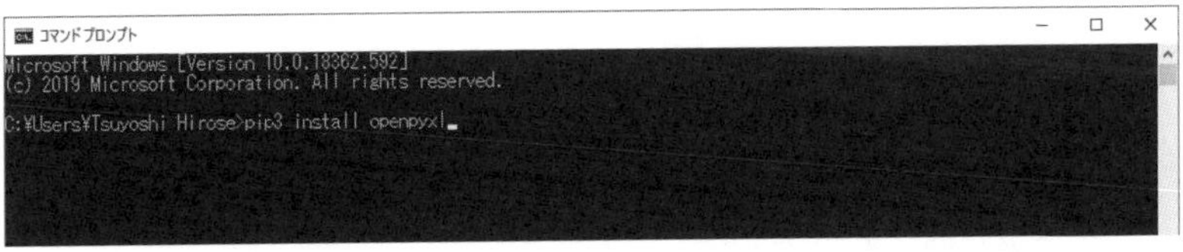

インストールが完了すると、図9-C-2のような画面になります。pip3のバージョンが古いと黄色い警告メッセージが表示されますが、気にしなくて大丈夫です。

図9-C-2　Windowsへのインストール

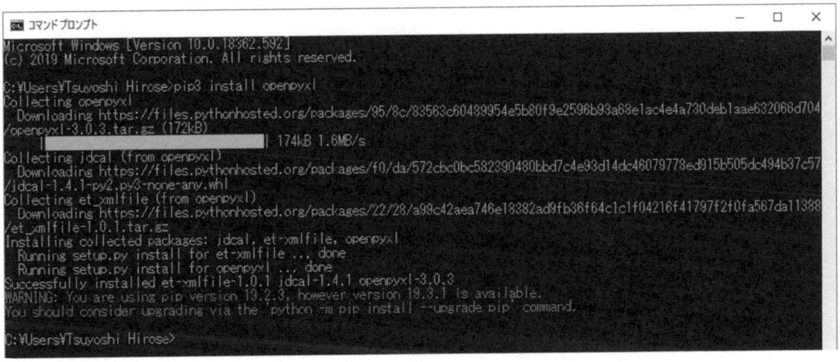

次ページへ続く

Macでは、図9-C-3のような画面になります。

図9-C-3　Macへのインストール

```
tsuyoshimac — -bash — 80×24
Last login: Mon Mar 23 08:34:29 on console
TSUYOSHI-no-MBP:~ tsuyoshimac$ pip3 install openpyxl
Collecting openpyxl
  Downloading https://files.pythonhosted.org/packages/95/8c/83563c60489954e5b80f
9e2596b93a68e1ac4e4a730deb1aae632066d704/openpyxl-3.0.3.tar.gz (172kB)
     |████████████████████████████████| 174kB 536kB/s
Collecting jdcal (from openpyxl)
  Downloading https://files.pythonhosted.org/packages/f0/da/572cbc0bc582390480bb
d7c4e93d14dc46079778ed915b505dc494b37c57/jdcal-1.4.1-py2.py3-none-any.whl
Collecting et_xmlfile (from openpyxl)
  Downloading https://files.pythonhosted.org/packages/22/28/a99c42aea746e18382ad
9fb36f64c1c1f04216f41797f2f0fa567da11388/et_xmlfile-1.0.1.tar.gz
Installing collected packages: jdcal, et-xmlfile, openpyxl
  Running setup.py install for et-xmlfile ... done
  Running setup.py install for openpyxl ... done
Successfully installed et-xmlfile-1.0.1 jdcal-1.4.1 openpyxl-3.0.3
WARNING: You are using pip version 19.2.3, however version 20.0.2 is available.
You should consider upgrading via the 'pip install --upgrade pip' command.
TSUYOSHI-no-MBP:~ tsuyoshimac$
```

これから確認するプログラムは、固定費と変動費という2つのシートがある、次のようなエクセルファイルを用います。

このファイルは、図9-C-4のように本書のサポートページからダウンロードできるZIPファイルの「Chapter09」フォルダに入っています。

図9-C-4　確認に用いるエクセルファイル

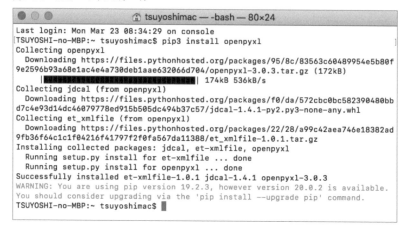

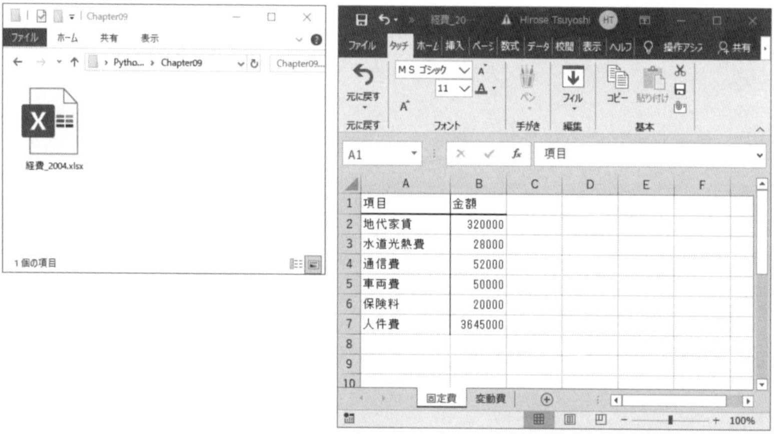

次のプログラムを入力し、ファイル名を付けて保存します。

リスト▶ list09_column.py

01	`import openpyxl`	openpyxlモジュールをインポート
02	`wb = openpyxl.load_workbook("経費_2004.xlsx")`	エクセルファイルを読み込む
03	`sh = wb["固定費"]`	固定費のシートを取得
04		
05	`info1 = "経費_2004.xlsxのシートは" + str(wb.sheetnames)`	シートの名前の一覧を変数に代入
06	`info2 = "{}のシートは{}行{}列です。".format(wb.sheetnames[0], sh.max_row, sh.max_column)`	シートの行と列の情報を変数に代入
07	`print(info1)`	それらの情報を
08	`print(info2)`	print()で出力
09		
10	`kei = 0`	合計額を計算する変数
11	`for i in range(2, sh.max_row+1):`	繰り返し 2行目から終わりの行まで
12	`    a = sh.cell(i, 1).value`	変数aにセル(i,1)の値を代入
13	`    b = sh.cell(i, 2).value`	変数bにセル(i,2)の値を代入
14	`    print(a + "の金額は" + str(b) + "円です。")`	aとbの値を出力
15	`    kei += b`	bの値をkeiに加算する
16		
17	`print("経費の合計額は" + str(kei) + "円です。")`	合計額を出力

※15行目の kei += b は kei = kei + bと同じ意味です。

このプログラムは、エクセルファイルの「固定費」のシートに記されたデータを読み込み、図9-C-5のようにシェルウィンドウに出力します。また、経費の合計額を計算して出力します。

図9-C-5 openpyxlを用いたエクセルファイルの読み込み

```
経費_2004.xlsxのシートは['固定費', '変動費']
固定費のシートは7行2列です。
地代家賃の金額は320000円です。
水道光熱費の金額は28000円です。
通信費の金額は52000円です。
車両費の金額は50000円です。
保険料の金額は20000円です。
人件費の金額は3645000円です。
経費の合計額は4115000円です。
```

次ページへ続く

3行目のシート名を「変動費」に変更して再実行すると、2枚目のシートのデータが読み込まれ、図9-C-6のように出力されます。この図は3行目のシート名の変更の他に、6行目のwb.sheetnamesの添え字を1にして実行しています。

図9-C-6 2枚目のシートの読み込み

```
経費_2004.xlsxのシートは['固定費', '変動費']
変動費のシートは4行2列です。
旅費交通費の金額は48000円です。
消耗品費の金額は8000円です。
雑費の金額は12000円です。
経費の合計額は68000円です。
```

openpyxlでエクセルファイルを扱うには、1行目のようにopenpyxlモジュールをインポートします。

2行目のように変数 = openpyxl.load_workbook(ファイル名)としてエクセルファイルを読み込みます。扱いたいシート（sheet）を3行目のように変数 = エクセルを開いた変数[シート名]と記述します。このプログラムでは、それぞれの変数をwbとshとしましたが、好きな変数名を付けてかまいません。

5～8行目はopenpyxlの命令を知るための記述です。エクセルファイルを読み込んだ変数に.sheetnamesを付けると、シート名の一覧をリストで取得できます。

シートの行と列の数は、シートの変数に.max_rowと.max_columnを付けて取得できます。それらの値を確認のためにprint()で出力しています。

10～15行目でfor文で「○の金額は□円です。」と出力しながら、経費の合計額を計算しています。

エクセルのデータを入力する1つの枠をセル（cell）といいます。セルのデータはシートの変数.cell(行, 列).valueで取得できます。引数をシートの変数.cell(row=行, column=列).valueとすることもできます。この引数の行と列の値は、1から始まります。

cell(行, 列).valueで取得するデータは、そのセルに文字列が入っているなら文字列に、数値が入っているなら数値になります。

このプログラムでは、

```
a = sh.cell(i, 1).value
b = sh.cell(i, 2).value
```

としており、Aの列には文字が並び、Bの列には金額が並んでいるので、変数aの値は文字列、変数bの値は数値になります。

特別付録

オブジェクト指向
プログラミングを学ぼう！

すべての章を読破しここまで辿り着いたみなさんは、プログラミングの要となる知識を習得し、Pythonの技術力がぐんとアップしたことでしょう。
プログラミングの知識と技術をさらに伸ばしていただけるように、最後にオブジェクト指向プログラミングについて解説します。

Appendix 1

オブジェクト指向プログラミングとは？

最初に、「オブジェクト指向プログラミング」とはどのようなものかについて説明します。

手続き型プログラミングとオブジェクト指向プログラミング

本書で学んだプログラムは**手続き型**と呼ばれる書き方で記述されています。コンピュータのプログラムには、手続き型の他に**オブジェクト指向**と呼ばれる書き方があります。Python、C/C++から派生したC系言語、Java、JavaScriptなど、世の中で広く用いられているプログラミング言語は、オブジェクト指向でプログラムを記述できます。

オブジェクト指向プログラミングでは、複数のオブジェクトが係わり合う形でシステム全体を動かすという概念に基づいて処理を記述します。具体的には**データ**（変数で扱う数値や文字列など）と**機能**（関数で定義した処理のこと）をひとまとめにしたクラスを定義し、その**クラス**から**オブジェクト**を作ります。そして複数のオブジェクトがデータをやり取りしたり、協調して処理を進めようにプログラムを記述していきます。

MEMO

オブジェクトを**インスタンス**と呼ぶこともあります。インスタンスとはクラスから作り出した**実体**という意味です。

クラスとオブジェクト

クラスとオブジェクトについて説明します。クラスとオブジェクトをイメージで表したものが次ページの図10-1-1です。クラスは機械の設計図、オブジェクトはその設計図から作った実際に仕事をする機械に例えています。

図 10-1-1　クラスとオブジェクトのイメージ

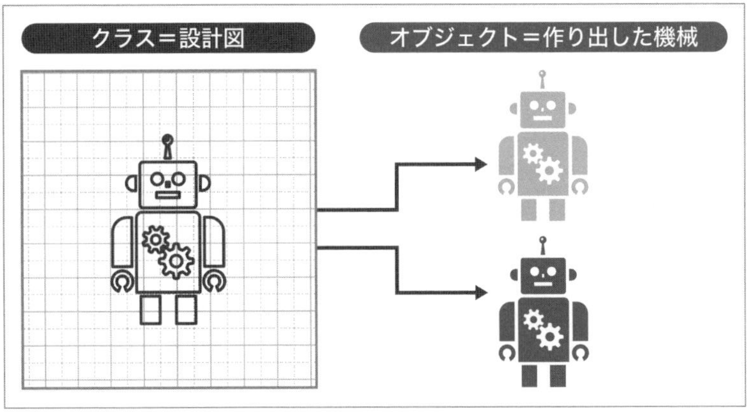

オブジェクト指向プログラミングではクラス（設計図）から作ったオブジェクト（機械）が処理を行うようにプログラムを記述します。

オブジェクト指向が人気となった理由

1990年代後半から、インターネットの普及とコンピュータ機器の性能向上とともに、それまで以上に大規模なソフトウェア開発が行われるようになりました。そのような開発の場では複数のプログラマーが共同作業を行いますが、オブジェクト指向でプログラミングすると高度なプログラムを作業分担して作りやすいメリットがあります。

オブジェクト指向プログラミングは大規模な開発に向いており、またオブジェクト指向で書かれたプログラムはメンテナンスしやすいなどの理由から、オブジェクト指向プログラミングの人気が高まりました。

mini column

あわてる必要はありません

筆者は、C++、C#、Java、JavaScriptなどさまざまな言語で長年プログラミングを続けています。それらの言語の中で、**Pythonは手続き型で気軽にプログラミングできる**ところが素晴らしいと感じています。

オブジェクト指向プログラミングは初学者にとって難しいものです。小規模な業務用アプリケーションを開発できればよいという方や、趣味でプログラミングをする方にとっては、オブジェクト指向プログラミングは今すぐ習得すべきようなものではありません。

一方、プロの開発現場ではオブジェクト指向プログラミングの技術が要求されることが多々あります。大規模なソフトウェア開発に携わる方にとっては、オブジェクト指向の技術が今後ますます必要になるでしょう。

この先、わかりやすい解説を心がけましたので、今すぐにオブジェクト指向は必要でない方も、そろそろ学ぶべきと考えていた方も、楽な気持ちで読み進めていただければと思います。

Appendix 1のポイント

- プログラムの書き方には、手続き型とオブジェクト指向がある。

Appendix 2

クラスの宣言

オブジェクト指向プログラミングは、クラスを宣言するところからスタートします。Pythonでのクラスの定義の仕方を説明します。

クラスを定義する書式

クラスは次の書式で定義します。

```
class クラス名:
    def __init__(self):
        self.変数名 = 初期値
```

※initの左右にアンダースコア(_)を2つずつ記す

Pythonでは**class** クラス名としてクラスを宣言します。そして**コンストラクタ**と呼ばれる**def __init__(self)**のブロックに、このクラスから作ったオブジェクトで用いる変数を記述します。この変数は**属性**と呼ばれます。

def __init__(self)はクラス内に1つだけ記述する特別な関数のようなものです。このコンストラクタに記述した処理は、クラスからオブジェクトを作る時点で一度だけ実行されます。コンストラクタはクラスに必ず記述すべきものではなく、コンストラクタを設けないクラスを定義することもできます。

Pythonでは、クラスに記述するコンストラクタや関数の引数に**self**を入れる決まりがあります。このselfはオブジェクトを作るとき、そのオブジェクト自身を意味するものです。最初のうちはselfの意味が難しいと思いますので、Pythonではこう記述するものだと考えておきましょう。

クラスを定義したプログラム

ここからは、**乗り物**をテーマにして設計図（クラス）を書き、その設計図から車やバス（オブジェクト）を作り、さらにそれらの乗り物を実際に動かす、という流れで説明します。

クラスを宣言するプログラムを確認します。次のプログラムはVehicle（乗り物）という名のクラスを定義し、そのクラスから作るオブジェクトに、model（車種）、color（色）、speed（速度）という属性を持たせる準備をしています。

次のプログラムを入力して、ファイル名を付けてします。

リスト▶ list1002.py

```
class Vehicle:                         クラス名の宣言
    def __init__(self, m, c):          コンストラクタの定義
        self.model = m                 modelという属性に引数の値を代入
        self.color = c                 colorという属性に引数の値を代入
        self.speed = 0                 speedという属性に0を代入
```

このプログラムは実行しても何も起きません。実行して何も起きないことを確認しましょう。

クラスを定義しただけでは処理は行われません。クラスを設計図に例えましたが、どんな機械も設計図を書いただけでは存在しませんから、何も起きないのと一緒です。

Appendix 2のポイント

- Pythonでは、class クラス名としてクラスを宣言する。
- クラスからオブジェクトを作るときに、1回だけ実行されるコンストラクタで属性を定義する。
- クラスを定義しただけではプログラムは動作しない。

Appendix 3 オブジェクトを作る

次は設計図（クラス）から乗り物（オブジェクト）を作り、どのような乗り物ができたかを確認します。

オブジェクトを作るプログラム

クラスからオブジェクトを作るプログラムを確認します。

次のプログラムを入力して、ファイル名を付けて保存します。

リスト▶ list1003.py

```
1  class Vehicle:                                クラス名の宣言
2      def __init__(self, m, c):                 コンストラクタの定義
3          self.model = m                        modelという属性に引数の値を代入
4          self.color = c                        colorという属性に引数の値を代入
5          self.speed = 0                        speedという属性に0を代入
6
7  car = Vehicle("コンパクトカー", "赤")          carというオブジェクトを作る
8  print(car.model)                              carのmodel属性の値を出力
9  print(car.color)                              carのcolor属性の値を出力
10 print(car.speed)                              carのspeed属性の値を出力
```

このプログラムを実行すると、シェルウィンドウに図10-3-1のように出力されます。

図10-3-1 属性の値を出力

```
コンパクトカー
赤
0
```

7行目でオブジェクトを作っています。このプログラムでは、carという変数がオブジェクトになります。

オブジェクトは次の書式で作ります。

- **オブジェクト変数 = クラス名()**

コンストラクタにself以外の引数を設けた場合

- **オブジェクト変数 = クラス名(引数)**

1～5行目に定義したクラスでは、コンストラクタにselfの他にmとcという2つの引数を記述し、3～4行目で**self.変数**にmとcの値を代入しています。また、speedという属性を使うために5行目にそれを記述しています。

7行目でcarというオブジェクトを作るとき、「コンパクトカー」という文字列がmodel属性に代入され、「赤」という文字列がcolor属性に代入されます。speed属性には初期値として0が代入されます。

属性は8～10行目のように**オブジェクト変数.属性**と記して値を参照したり、新たな値を代入します。

前のプログラムはクラスを定義しただけで何も起きませんでしたが、このプログラムではクラスからcarというオブジェクトを作り、carの属性の値を出力しました。コンピュータの中にcarが存在していることになります。

今は赤いコンパクトカーが実体（インスタンス）になっただけで、まだ動作はしていません。次はオブジェクトが動作するように機能を加えていきます。

Appendix 3のポイント

- ✦ オブジェクトを作るには、「オブジェクト変数 = クラス名()」と記述する。
- ✦ そのオブジェクトの属性は、「オブジェクト変数.属性」と記述して値を参照する。

オブジェクトに機能を持たせる

オブジェクト指向プログラミングでは、オブジェクトの機能をクラスで定義します。クラス内に関数で処理を記述することで、オブジェクトがその関数を実行できるようになるのです。それを確認していきます。

メソッドの定義

　クラス内に定義した関数を**メソッド**といいます。前のプログラムではprint()命令でオブジェクトの属性の値を出力していましたが、値の出力をメソッドで定義することで、オブジェクト自身が処理を行えるようにします。

　次のプログラムを入力して、ファイル名を付けて保存します。

リスト▶ list1004.py

```
1  class Vehicle:                         クラス名の宣言
2      def __init__(self, m, c):          コンストラクタの定義
3          self.model = m                 modelという属性に引数の値を代入
4          self.color = c                 colorという属性に引数の値を代入
5          self.speed = 0                 speedという属性に0を代入
6
7      def info(self):                     メソッドの定義
8          print("車種 " + self.model)      model属性の値を出力
9          print("色 " + self.color)        color属性の値を出力
10         print("速度 {}km/h"              speed属性の値を出力
   .format(self.speed))
11
12 car = Vehicle("コンパクトカー", "赤")      carというオブジェクトを作る
13 car.info()                              carのinfo()メソッドを実行
```

　このプログラム実行すると、シェルウィンドウに図10-4-1のように出力されます。

図10-4-1　メソッドで属性の値を出力

```
車種 コンパクトカー
色 赤
速度 0km/h
```

info()というメソッドを7～10行目で定義しています。3つの属性の値をprint()で出力することが、このメソッドの機能です。

13行目のcar.info()でメソッドを実行し、情報を出力しています。メソッドはこのように**オブジェクト変数.メソッド**と記述して実行します。

MEMO

このプログラムは、設計図（クラス）に車の情報を出力する機能（メソッド）を追加し、作り出した車にinfo()メソッドを実行させると、車自体が音声などで情報を発するイメージを思い浮かべると、理解しやすいのではないでしょうか。

Appendix 4のポイント

- オブジェクトの機能は、クラスにメソッドで定義する。
- メソッドは、「オブジェクト変数.メソッド」と記述して実行する。

Appendix 5 複数のオブジェクトを作る

クラスは1つ定義すれば、そこから複数のオブジェクトを作ることができます。

2つの車を作る

前のプログラムまでは1台の赤いコンパクトカーを作りましたが、青いマイクロバスも作ってみます。

次のプログラムを入力して、ファイル名を付けて保存します。

リスト▶ list1005.py

```
class Vehicle:                                クラス名の宣言
    def __init__(self, m, c):                 コンストラクタの定義
        self.model = m                        modelという属性に引数の値を代入
        self.color = c                        colorという属性に引数の値を代入
        self.speed = 0                        speedという属性に0を代入

    def info(self):                           メソッドの定義
        print("車種 " + self.model)           model属性の値を出力
        print("色 " + self.color)             color属性の値を出力
        print("速度 {}km/h"                   speed属性の値を出力
.format(self.speed))

car = Vehicle("コンパクトカー", "赤")         carというオブジェクトを作る
car.info()                                    carのinfo()メソッドを実行
bus = Vehicle("マイクロバス", "青")           busというオブジェクトを作る
bus.info()                                    busのinfo()メソッドを実行
```

このプログラムを実行すると、シェルウィンドウに図10-5-1のように出力されます。

図10-5-1 複数のオブジェクトを作る

```
車種 コンパクトカー
色 赤
速度 0km/h
車種 マイクロバス
色 青
速度 0km/h
```

carオブジェクトの他に、14行目でbusというオブジェクトを作り、15行目でbus.info()でその乗り物の情報を出力しています。

Appendix 5のポイント

- ✦ 1つのクラスから複数のオブジェクトを作ることができる。

Appendix 6 リストでオブジェクトを作る

多数のオブジェクトを作るにはリストを用いると便利です。リストを使ったオブジェクトの作り方を説明します。

5種類の乗り物を作る

リストを用いて、5種類の乗り物を作るプログラムを確認します。
次のプログラムを入力して、ファイル名を付けて保存します。

リスト▶ list1006.py

```
 1  class Vehicle:                            クラス名の宣言
 2      def __init__(self, m, c):             コンストラクタの定義
 3          self.model = m                    modelという属性に引数の値を代入
 4          self.color = c                    colorという属性に引数の値を代入
 5          self.speed = 0                    speedという属性に0を代入
 6
 7      def info(self):                       メソッドの定義
 8          print("車種 " + self.model)       model属性の値を出力
            print("色 " + self.color)
 9          print("速度 {}km/h"               color属性の値を出力
10  .format(self.speed))                      speed属性の値を出力
11
12  CAR_DATA = [                              乗り物のデータを
13      ["コンパクトカー",      "赤"],         二次元リストで定義
14      ["スポーツカー",        "黄"],
15      ["クラシックカー",      "黒"],
16      ["マイクロバス",        "青"],
17      ["ダンプカー",          "緑"]
18  ]
19
20  veh = [None]*5                            vehという一次元リストを用意
21  for i in range(5):                        繰り返し iは0から4まで1ずつ増える
22      veh[i] = Vehicle(CAR_DATA[i]          乗り物のデータからオブジェクトを作る
    [0], CAR_DATA[i][1])
23      veh[i].info()                         そのオブジェクトの情報を出力
```

特別付録 オブジェクト指向プログラミングを学ぼう！

このプログラムを実行すると、シェルウィンドウに図10-6-1のように出力されます。

図10-6-1 複数のオブジェクトの情報を出力

```
車種 コンパクトカー
色 赤
速度 0km/h
車種 スポーツカー
色 黄
速度 0km/h
車種 クラシックカー
色 黒
速度 0km/h
車種 マイクロバス
色 青
速度 0km/h
車種 ダンプカー
色 緑
速度 0km/h
```

12～18行目で5台分の車種と色を二次元リストで定義しています。

20行目のveh = [None]*5でリストを用意しています。**None**は**何もない**という意味を表すPythonの値です。この時点で中に何も入っていないveh[0]、veh[1]、veh[2]、veh[3]、veh[4]という5つの箱が用意されます。

21～23行目のfor文で5つのオブジェクトを作り、それらの情報を出力しています。22行目でveh[0]は赤いコンパクトカー、veh[1]は黄色のスポーツカー、veh[2]は黒のクラシックカー、veh[3]は青いマイクロバス、veh[4]は緑のダンプカーになる仕組みです。

Appendix 6のポイント

✦ 複数のオブジェクトを作るには、リストを用いると便利である。

Appendix 7 継承とオーバーライド

ここまで、オブジェクト指向プログラミングの基礎知識を説明しました。最後に少し難しいオブジェクト指向プログラミングの知識である、クラスの継承とオーバーライドについて説明します。

クラスの継承

オブジェクト指向プログラミングでは、あるクラスを元に新しい属性や機能を加えた新しいクラスを作成することができます。これを、クラスの**継承**といいます。

また、元になるクラスを**スーパークラス**（親クラス）、継承して作る新たなクラスを**サブクラス**（子クラス）といいます。

これから確認するプログラムには、Vehicleクラスをスーパークラスとし、それを継承したAirVehicleクラスが記述されています。

ここでは、

- **Vehicleは、地上を走る乗り物の設計図**
- **AirVehicleは、一定速度以上になると離陸して空を飛べる乗り物の設計図**

という設定で話を進めます。

Vehicleクラスには、走ったメートル数を管理するmeterという属性を用意します。AirVehicleクラスには、離陸速度を管理するtakeoffという属性を追加します。

Vehicleクラスと AirVehicleクラスを次ページの図10-7-1に図示します。

図10-7-1 クラスの継承

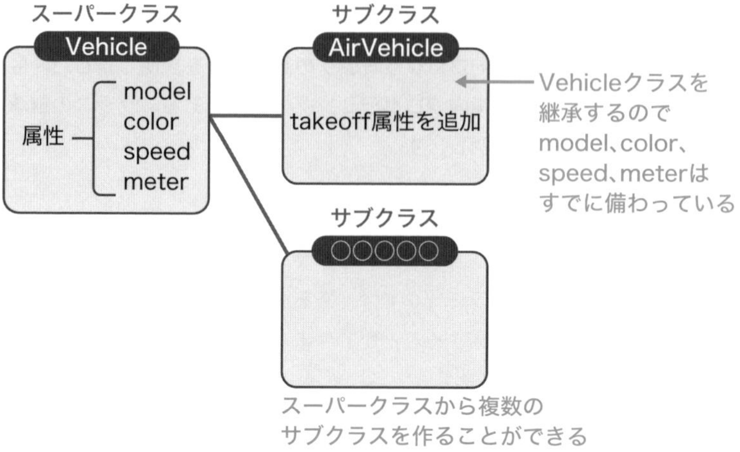

Pythonでは、次の書式でスーパークラスを継承したサブクラスを作ります。

```
class サブクラス名(スーパークラス名):
    サブクラスの定義内容
```

オーバーライドについて

サブクラスでは、スーパークラスのコンストラクタやメソッドを上書きして機能を充実させることができます。

コンストラクタやメソッドを上書きすることを**オーバーライド**といいます。

図10-7-2 オーバーライド

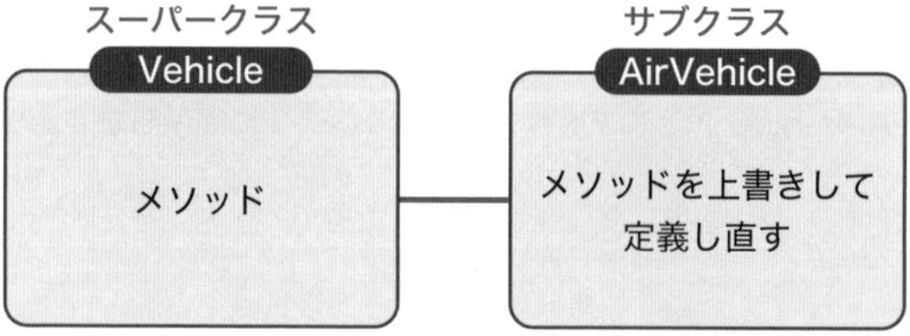

プログラムの確認

継承とオーバーライドをプログラムで確認します。

Vehicleクラスと、そのVehicleクラスを継承したAirVehicleクラスが定義されています。Vehicleクラスからはcarオブジェクト、AirVehicleクラスからはaircarオブジェクトを作り、それぞれを10秒間、走らせる内容になります。

AirVehicleクラスから作り出したオブジェクトは、時速200km以上の場合に空を飛ぶ設定です。動作確認後にプログラムの内容を改めて説明します。

次のプログラムを入力して、ファイル名を付けて保存します。

リスト▶ list1007.py

`import time`	timeモジュールをインポート
`class Vehicle:`	Vehicleクラスの宣言(これが親クラス)
`    def __init__(self, m, c):`	コンストラクタの定義
`        self.model = m`	model属性に引数の値を代入
`        self.color = c`	color属性に引数の値を代入
`        self.speed = 0`	speed属性に0を代入
`        self.meter = 0`	meter属性に0を代入
`    def info(self):`	属性の値を出力するメソッドの定義
`        print("車種 " + self.model)`	model属性の値を出力
`        print("色 " + self.color)`	color属性の値を出力
`        print("速度 {}km/h".format(self.speed))`	speed属性の値を出力
`    def set_speed(self, s):`	speedに値を代入するメソッドの定義
`        self.speed = s`	speed属性に引数の値を代入
`    def move(self):`	meterの値を変化させるメソッドの定義
`        self.meter += int(self.speed*1000/60/60)`	speedをメートル毎秒に換算してmeterに加算
`        print("{}は{}m進みました".format(self.model, self.meter))`	進んだ距離を出力
`class AirVehicle(Vehicle):`	Vehicleクラスを継承したAirVehicleクラスの宣言

24	`    def __init__(self, m, c, t):`	コンストラクタをオーバーライド
25	`        super().__init__(m, c)`	親クラスのコンストラクタを実行
26	`        self.takeoff = t`	takeoff属性に引数の値を代入
27		
28	`    def move(self):`	move()メソッドをオーバーライド
29	`        self.meter += int(self.speed*1000/60/60)`	speedをメートル毎秒に換算してmeterに加算
30	`        if self.speed >= self.takeoff:`	離陸速度以上なら
31	`            print("{}は空を{}m飛びました".format(self.model, self.meter))`	飛行距離を出力
32	`        else:`	そうでないなら
33	`            print("{}は地上を{}m進みました".format(self.model, self.meter))`	走行距離を出力
34		
35		
36	`car = Vehicle("コンパクトカー", "red")`	Vehicleクラスからcarオブジェクトを作る
37	`car.set_speed(100)`	carの速度を決める
38	`car.info()`	carの情報を出力
39	`aircar = AirVehicle("エアカー", "blue", 200)`	AirVehicleクラスからaircarオブジェクトを作る
40	`aircar.set_speed(240)`	aircarの速度を決める
41	`aircar.info()`	aircarの情報を出力
42		
43	`def main():`	main()関数の定義
44	`    for i in range(10):`	forで10回繰り返す
45	`        car.move()`	carオブジェクトを動かす(メソッドの実行)
46	`        aircar.move()`	aircarオブジェクトを動かす(メソッドの実行)
47	`        time.sleep(1)`	1秒間停止する
48	`main()`	main()関数を実行する

※19行目の self.meter += int(self.speed*1000/60/60) は self.meter = self.meter + int(self.speed*1000/60/60) と同じ意味です。

このプログラムを実行すると、次ページの図10-7-3のように出力されます。

図10-7-3

```
車種 コンパクトカー
色 red
速度 100km/h
車種 エアカー
色 blue
速度 240km/h
コンパクトカーは27m進みました
エアカーは空を66m飛びました
コンパクトカーは54m進みました
エアカーは空を132m飛びました
コンパクトカーは81m進みました
エアカーは空を198m飛びました
コンパクトカーは108m進みました
エアカーは空を264m飛びました
コンパクトカーは135m進みました
エアカーは空を330m飛びました
コンパクトカーは162m進みました
エアカーは空を396m飛びました
コンパクトカーは189m進みました
エアカーは空を462m飛びました
コンパクトカーは216m進みました
エアカーは空を528m飛びました
コンパクトカーは243m進みました
エアカーは空を594m飛びました
コンパクトカーは270m進みました
エアカーは空を660m飛びました
```

47行目の**time.sleep()**は引数の秒数の間、処理を停止する命令です。この命令を使うので、timeモジュールをインポートしています。

3～20行目に定義したVehicleクラスには、速度の値を代入するset_speed()メソッドと、速度から移動距離を計算して出力するmove()メソッドを記述しています。

23～33行目に記述したAirVehicleがVehicleクラスを継承して作ったサブクラスです。AirVehicleクラスではコンストラクタをdef __init__(self, m, c, t)と記述してオーバーライドし、離陸速度を引数で渡すようにしました。

25行目の**super().**__init__(m, c) は親クラスのコンストラクタを実行する記述です。super()は「スーパークラスの」という意味です。

AirVehicleクラスではmove()メソッドもオーバーライドし、離陸速度以上なら飛行距離を出力する機能を持たせています。

ここには記述していませんが、サブクラスに新しいメソッドを追加することもできます。通常、**スーパークラスを継承して作るサブクラスでは、属性やメソッドを追加して機能を充実させます。**

36～41行目でコンパクトカーとエアカーのオブジェクトを作り、それらの情報を出力しています。コンパクトカーはVehicleクラスから、エアカーはAirVehicleクラスから作っています。

43～47行目に記したmain()関数で、for文でそれぞれの車のmove()メソッドを10回実行しています。なお関数は定義しただけでは働かないので、48行目でmain()関数を呼び出しています。

MEMO

継承とオーバーライドは難しい内容なので、すぐに理解できなくても問題ありません。ここで学んだプログラムに手を加え、動作を確認するなどして、少しずつ理解を深めましょう。

Appendix 7のポイント

- スーパークラス（親クラス）を元に、新たな属性や機能を加えたサブクラス（子クラス）を作ることをクラスの継承という。
- サブクラスでスーパークラスのコンストラクタやメソッドを上書きすることをオーバーライドという。

おわりに

読者のみなさん、最後まで本書をお読みいただき、ありがとうございました。

ソーテック社では本書を含め、これまで三冊のPython本を書かせていただきました。一冊目と二冊目はPythonによるゲーム開発の技術を解説する本です。

今回はPythonを業務の効率化や自動化に活かせる、ビジネスに役立つ本ということで、プログラミング初心者に理解していただける解説を心掛けつつ、それらの知識を広く網羅しました。

筆者は本書執筆時点で約20年、ソフトウェアの制作会社を経営しています。現在は教育機関でプログラミングを教えたり、本を執筆する仕事が中心になりつつありますが、法人設立後の十数年間、ゲームソフトを主力商品として会社を運営してきました。そしてプログラミングの技術力を生かして、業務用アプリケーション開発も請け負ってきました。

その中で、社内業務を効率化するためのプログラムは、自ら幾度となく書いてきました。それらの知識と経験を本書の執筆で生かすことができ、机上の空論のようなものでない、実務に役立つ現実的な知識をお伝えできたのではないかと自負しております。

特別付録では、初学者には難しいと言われるオブジェクト指向プログラミングも解説しました。本書の中盤以降は難しい内容が出てきたかもしれません。

最初はわからないことがあっても、プログラミングを続けることで理解できるようになりますので、前向きな気持ちで学習を進めていただければと思います（プログラミングは楽しいものです！）。

本書の知識をみなさまに役立てていただけることが何よりの願いです。最後までお付き合いいただけたことに重ねてお礼申し上げます。

2020年 初夏

廣瀬 豪

INDEX

サンプルファイルのパスワード

BIZ2020py（アイ ゼロ ゼロ）(半角英数字で大文字／小文字を正しく入力してください)

●著者紹介

廣瀬 豪（ひろせ つよし）

早稲田大学理工学部卒業。ナムコ、および任天堂とコナミが設立した合弁会社に勤めた後、ワールドワイドソフトウェア有限会社を設立して独立。
多数のゲームソフト開発を手がけ、プログラミングの技術力を生かして、さまざまなアプリケーション・ソフトウェア開発も行ってきた。
現在は会社を経営しながら、教育機関でプログラミングやゲーム制作を指導したり、本を執筆している。
プログラミングを始めたのは中学生のとき。以来、本業、趣味ともに、アセンブリ言語、C/C++、C#、Java、JavaScript、Pythonなど数多くのプログラミング言語で開発を続けている。

【著書】
「いちばんやさしい JavaScript 入門教室」
「いちばんやさしい Java 入門教室」
「Pythonでつくる ゲーム開発 入門講座」
「Pythonでつくる ゲーム開発 入門講座 実践編」
（以上、ソーテック社）

仕事を自動化する！ Python 入門講座

2020年6月10日　初版　第1刷発行

著　者　　廣瀬豪
装　丁　　宮下裕一[imagecabinet]
発行人　　柳澤淳一
編集人　　久保田賢二
発行所　　株式会社ソーテック社
〒102-0072　東京都千代田区飯田橋4-9-5　スギタビル4F
電話（注文専用）03-3262-5320　FAX 03-3262-5326
印刷所　　図書印刷株式会社

Printed in Japan
ISBN978-4-8007-1264-6